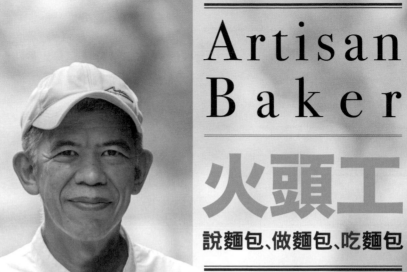

Artisan Baker

火頭工

說麵包、做麵包、吃麵包

吳家麟◎著

手作麵包的神奇力量

工藝麵包師　唐·格拉（Don Guerra）

　　麵包製作過程中有種魔力，那股神奇的力量是藝術、科學、熱誠及愛的結合所造就出來的。所有的手作麵包師都深知這個道理，而且透過這個麵包的語言緊密的聯繫與溝通。這份神奇的力量讓我和Philip在 2015年「麵包無國界」的計畫合作無間。當時我的工作是結合地區的農民、麵粉業、食品產業及麵包的愛好者，開發一種「社區支援」的麵包生產模式。就在那時，Philip 注意到我的工作，我們開始分享經驗及想法。這奇妙的機緣透過社交媒體、電子郵件及視訊聊天室，讓我們更進一步分享我們對手作麵包及結合社區支援的熱衷和理念。去年的臺灣之行，我發表了我麵包店的營運方法，教導烘焙並訪問當地麵包師、農民以協助他們了解「社區支援」的運作模式，並鞏固「社區支援」在地方食品業的重要性。Philip 是一位非常溫和善良且有天賦的烘焙師，他的工作也總是基於他想要幫助當地社區成長的熱忱。

　　Philip 在他的新書《火頭工說麵包、做麵包、吃麵包》詳細闡述麵包烘焙的歷史、製作過程，以及恪守與在地社區合作的重要性。他追溯麵包的起源到古埃及時代，並提供有關酵母、酶素、麩質、蛋白質、澱粉及烘焙過程的大量資訊。他很認真的幫助讀者們理解真正的手作麵包和一般商業麵包的不同在於手作麵包的烘焙過程是經過歷史的淬鍊，而大量生產的商業麵包製程中，則缺乏適當發酵的營養成份。他也強調從農作到餐桌連結的

圖／唐・格拉

重要性，這是基於營養的考量和對社區支援的初衷。

　　Philip 又進入手作麵包及製作過程的科學面。他提供非常多的麵包成份及食譜資料給有興趣嘗試新的想法和技術的麵包師。他精闢地闡釋酵種（Levain）、天然酵母（Wild Yeast Starter）和天然酵母酸菌種（Sourdough），並詳細說明如何培養酵母，用長時間發酵和保留較好的營養來做麵包。在這章節，Philip 強調麵包藝術的重要性。每個麵包師有其特有的感度，做出有他自己特色的麵包。這世界有許多的麵包師每天在試驗和創新令人驚嘆的麵包，新的技術也讓我們互相學習，一起成長。這些麵包師有志一

同地致力於烘焙出健康、營養並且充分反映出當地特色的麵包。

最後，Philip 論述麵包與文化密切結合的重要性。因為手作麵包在臺灣和其他亞洲國家尚非主流，所以仍有空間讓麵包師和烘焙業利用當地穀物、當地酵母菌株來發展新的產品，並了解這過程如何有助於當地農民與社區。他希望藉此來鼓勵新一代的烘焙師及麵包的愛好者。

我極其享受到臺灣拜訪Philip 及其同事的那段時間，我也非常高興看到手作麵包的成長。麵包師傅們不斷去探索和教育其他人有關手作麵包和社區連結的益處是非常重要的。近來手作麵包風再興起，如窯烤、傳統技術以及信守取用當地穀物、素材來使消費者更健康並造福地方社區，得到前所未有的重視。這些都是「麵包無國界」的推展工作，及不斷的和世界各國烘焙師合作後令人振奮的結果。我衷心祝福Philip這本無私分享理念及資訊的新書成功的發行，也希望所有的讀者獲得寶貴的知識及感受到手作麵包的神奇力量。

推薦序

我認識的火頭工
一個不只是做麵包的麵包職人

飲食作家　楊馥如

　　火頭工很忙，但似乎不全在忙做麵包。他自稱「吳小工」，我常看他做一堆看似跟麵包沒啥關聯的事：他的朋友中西都有，遍佈天下；此人有時看起來很放空，會面著滿林子的翠綠吹笛子；而且他還養寵物。

　　你說他不忙做麵包，卻又時時刻刻跟麵包緊密相連。

　　「朋友」的拉丁文的"companion"，就藏了"panis"「麵包」在裡頭。原來朋友是「一起分享麵包的人」（com-是「一起」）。火頭工的朋友五湖四海，好多是世界各國的麵包職人。他們在網路上成立社團，天涯海角熱烈交流學習著，對麵包無比虔誠，永遠兢兢業業。這群職人互相打氣，也毫不藏私地公開配方，把烤爐邊的珍貴心得與大家共享。像中世紀義大利詩人但丁所說：「應該學著知道別人麵包裡的鹽味、從他人樓梯上下的步履維艱。」幾次我在義大利採訪麵包職人，約定碰面的時間都是半夜兩三點：師傅們漏夜工作，為的，是讓麵包在早晨新鮮出爐。我們香甜睡夢時，職人們在爐火邊守候，無日無夜，箇中的辛苦和感動，非身在其中者難以知曉。想是把吃他們麵包的人當作重要的朋友，只願拿出最好、最真的分享。

　　再把麵包的拉丁文"panis"拆解，"pan"也有來頭，是希臘羅馬神話裡的牧神「潘」，特別會吹笛子。相傳，文明裡第一

圖／楊馥如

個把穀物女神席瑞斯（Ceres）餽贈給人類的麥子煮熟成麵包的，就是牧神潘。讀火頭工的文章有一段時間了，發現他的文字好大半不講麵包，但往底蘊探去，卻又無處不麵包：在火頭工眼裡，麵包不只是麵包，是音樂、是藝術、是東西文化、是歷史長河中餵養人類的基礎食糧。麵包的存在深深化入人的生命，於是他把對麵包通透的了解和生命領悟揉進麵糰裡，烤出充滿人情的好滋味。

　　你知道最早被人類馴養的生物是什麼？不是狗牛羊，也不是馬豬雞。是酵母。火頭工把酵母當寵物養，以年為單位，養出充滿生命力的麵種。 幾年下來，他和他養的酵母當「朋友」，學說它的話，細心觀察它的喜怒哀樂、沉靜與快活。火頭工拿出「理工人」的實事求是，麵粉和酵母一沙一世界，自己透徹研究後，在這本書中用簡單清明的語言解釋其中緣由；就算完全沒有物理化學基礎、毫無做麵包經驗的人讀來也會發出「啊，原來如此！」的讚嘆，理解日常生活中看似平凡的麵包，竟然有如此多的學問和趣味。

　　2006年，火頭工在生命的轉折點放下一切，人生歸零，開始做麵包。至今十餘年，在爐火邊靜默專注，幾乎忘卻歲月，是他說的「夢裡浮生」。這場夢裡因緣流轉，火頭工說麵包、做麵包、吃麵包，他的麵包是理性，也是感性；他的麵包哲學至大無外、至小無內，不過點滴是愛，對生命的愛；簡單，卻一點也不簡單。

在街角，遇見麵包師

作家　劉克襄

　　十年前，我站在開元街長老教會門口，忖度著日後如何在此停車，前往木柵市場買菜。然後，走進對面的「阿段烘焙」。

　　那時心裡只單純地夢想著，每個社區都該有間美好的麵包店長期陪伴。而我的住家周遭，方圓數里幾無一歐式麵包，如今終於發現了，自是興奮異常。但這間會是心目中的理想烘焙嗎？正要走進去的我，心情有些忐忑不安，畢竟歐式麵包才逐漸被認識。但老木柵居民有其固定生活習慣，這間麵包店緊鄰著百年傳統市場，是否合宜且長遠，頗讓人存疑。

　　後來，阿段烘焙真的搬離了，但仍離市場不遠。那是一街角的顯眼位置，店面擴大了，更加明亮而溫煦，從外頭便看到多樣的歐式麵包。光是典雅的外觀即清楚告知，它把一間社區麵包店的位階，站得更確切而穩健。

　　十年前，初次進去那天，除了買麵包，還跟阿段做了一些小小的探訪，想要了解它和市場的關係，同時好奇著歐式麵包在臺灣的未來發展。我很怯生，問的不多，更何況只是消費者的好奇。但離開後，沒說幾句話的火頭工，在我的部落格留言，不談麵包，卻論及音樂和書法。一位麵包師傅竟跟我切磋藝術，勾勒人生的態度和價值，我委實嚇了一跳。當下即隱隱感覺，我遇到的不只是間社區麵包店的出現，裡面還有一位不尋常的師傅，此間烘焙坊的靈魂。

圖／劉克襄

　　這也是我第一次認識何謂工藝麵包師。習慣日式麵包的消費者能否接納，餡料不多，強調嚼勁和營養的歐式麵包，沒人有把握。但火頭工繼續嘗試，手作麵包的各種新內涵。同時，與國外的麵包師傅密切交流，進而摸索著跟臺灣食材完美結合的可能。

　　火頭工大學時讀物理，平時言行不免流露分析和研究的科學家性格。相信他的每一步都走得吃力而小心，失敗必亦多回。說實在的，初次接觸時，因為了解其製作麵包的苦心，每回吃都有些謹慎。但十年後，火頭工對待手作麵包的情感，比過往自信許多。吃其麵包終而有了輕鬆愉悅之境，甚而帶著巧思的口感。

　　做為一個社區麵包店，一間店面的成長，必然得力於地方食材的供應，以及周遭居民的長期支持。由此基礎，製作出好吃健

康的麵包，自是理所當然。但哪來時間著書立言，且多此一舉，火頭工卻不以為然。

在追求工藝麵包的過程裡，除了讓自己的店面透過一塊塊麵包，做為跟消費者交流心得的平台。寫作一本麵包相關的書，跟手作麵包一樣，都是此一階段必須完成的任務。但不是立傳留名，宣傳自己的烘焙美學。而是打從麵粉和發酵的基礎認識，一堂堂悉心剖析，認真地跟更多熱愛麵包者分享。從事跟食物有關的工作，若非擁有堅強的人文信念，絕不可能有如此熱情。

這本書透過說、做、吃三個部份表述，深入淺出地介紹麵包，清楚地把如何製作麵糰、發酵過程、化學成份，各國的麵包特色，以及食安議題，還有本地種麥的歷史娓娓道來。最後還拋出了臺灣麵包定位的議題。吃麵包若不懂因由，只能吃到七分口感。有了知識的理解，當下更懂得珍惜。

生做麵包師，死為麵包魂。火頭工顯然比其他人更願意肩負責任，站在更前端的位置。簡言之，火頭工有一麵包文化的使命感。文化的英文是Culture。這個字有多重意義，也是麵包裡，老麵的意思。文化對多數人而言，是一種形而上的東西，但在麵包的製作上，文化就變得非常具體。一塊營養而美好麵包的完成，是從揉拌麵粉、發酵到烤焙出爐。這麼具體的文化過程，他當然責無旁貸，要努力傳播，進而從這裡摸索臺灣食材的可能。而麵包師維護先人傳承下來的，老麵與職人的精神，更應發揚光大，傳承給下一代。

直到現在，我認識的仍是十年前那位火頭工，繼續談文弄藝，繼續是社區的工藝麵包師，只是使命感愈發堅強了。

作者序
烤箱邊的故事

火頭工　吳家麟

　　在烤箱邊上待十二年了，我一直想把這一段歷程寫出來，好讓喜歡品嚐麵包的朋友，可以了解麵包的材料製程和歷史文化。愛做麵包的朋友，可以透過這本書更深入了解麵包的學理和技術，縮短兩者之間的距離。四年前很榮幸得到出版公司林先生的邀約，把這段原本想用來連載的部落格整理成書，但也擔心變成一本文化垃圾，心裡著實有壓力也有期待。

　　回顧剛開始做麵包的時候，不使用人工添加物，也不用預拌粉製作麵包，然而，因為當時天然麵包的風氣不盛，坊間流行臺式和日式的麵包，我很難找到地方學習，雖然廠商會聘國外的師傅來臺灣講習，可惜往往都聚焦在自家的產品，大部份內容不是我所需要的。所以，在學習的過程中，經常是狀況連連，笑話百出。我曾經嘗試用鳳梨養酵母，把皮削掉，泡在水裡，結果鬧了個大笑話，回頭看看一些科普書，才發現酵母存在水果穀物的表皮上，而我卻在瞎忙！我決定不再閉門造車，開始大量閱讀歷史、微生物、物理、化學等各領域和麵包相關的資料。同時加入很多國外傳統麵包師的社團或論壇，在學習中展開我的麵包生涯。

　　起初我把重點放在酵母上，我開始和酵母交上朋友，我開始懂它的語言，我可以感受到它餓了、冷了、感冒了、生氣了、和別人打架打贏了……於是我逐漸了解它的行為模式，輕易的在

阿段烘焙麵包店外種
了不少香草

麵糰中建立它的王國,使它成為麵糰裡的優勢族群。幾年努力下
來,不論是商業酵母或是野生酵母,我大約都可以運用自如。

　　由於畢業於物理系,研究所學的是管理科學,我習慣把所有
事情結構化和數據化,例如:打麵糰攪拌幾分鐘、溫度幾度,都
希望非常精準,然而每天的溫度、濕度不同,每一種麵粉特性不
同,企圖用一個公式套用是行不通的。打麵糰需要管理的不是時
間溫度,而是依照麵包師傅對一個麵糰的詮釋,去管理麵糰需要
攪拌的程度;麵包師傅需要以一個藝術工作者的態度,把每一天
的麵包都當成藝術作品去呈現。這十幾年來,我從麵包微觀的世
界,體悟了很多哲理,生命因為麵包而豐富,在這一段學習與分
享的時光,作為一個麵包職人,我也學會了對大自然的崇拜,甘
做一個平凡謙卑的火頭工。

朋友們常問我為什麼取火頭工這個名字，這故事其實來自少林寺的廚師火工頭陀。傳說是這樣的：「少林寺自唐朝開始就供奉緊那羅王，元朝至正初年，紅巾軍圍困少林寺，危難之際，原在廚下負薪燒火的僧人持一火棍挺身而出，大喊『吾乃緊那羅王也』，遂以撥火棍擊退紅巾軍。這位火工頭陀相傳也是太極拳祖師張三丰的師父。」

十二年前，我汲汲營營於名利，在烤箱邊上工作後，我放下一切，回歸平凡與寧靜，期許自己能如同少林寺燒柴升火的火工頭陀，在火爐旁默默認真地工作，堅持、分享與奉獻，所以取名火頭工。

這本書的內容分成「說麵包」、「做麵包」、「吃麵包」三個部份。

「說麵包」的部份主要是從歷史的角度看麵包的演進，用淺顯簡單的敘述方式，讓朋友們可以輕易了解麵包的架構，目的在於縮短消費者和麵包師傅之間的距離。

「做麵包」的部份強調低溫長時間自然發酵法，尊重傳統而不排斥現代科技，並提供15種配方作為參考。

「吃麵包」的部份不是提供食譜，而是從飲食文化的角度看臺灣麵包的發展，期待有一天我們可以用在地食材做出臺灣風格的麵包。

最後，這本書不是教科書，只是這十二年多的經驗和心得的分享，還請先進們多給予指導。有緣出版這一本書，要感謝我的麵包啟蒙老師、也是我的妻子兼老闆段麗萍女士，沒有她的鼓勵和協助就沒有今天的火頭工；也感謝聯經出版公司發行人林載爵先生一路督促與鼓勵，從林先生提起至今前後將近四年終於完成；還有很多一路相伴的朋友們，因為有你們所以能夠成就這一本書，非常感謝！

002　推薦序　手作麵包的神奇力量（唐・格拉）

005　推薦序　我認識的火頭工：

　　　　　　一個不只是做麵包的麵包職人（楊馥如）

008　推薦序　在街角，遇見麵包師（劉克襄）

011　作者序　烤箱邊的故事（吳家麟）

Chapter 1　火頭工說麵包

022　麵包是從哪裡蹦出來的？

030　老麵（Levain）是什麼東西，扮演什麼角色？

033　酵母菌怎麼被發現的？

036　酵母菌在麵糰裡面做什麼？

038　酵素（Enzyme）扮演什麼角色？

042　梅納反應和焦糖化產生麵包的色澤和香氣

045　乳酸菌、醋酸菌可以和酵母菌共存

047　酸種麵包是舊金山的驕傲

051　麥子的種類

057　麥子的結構

059　麵筋和麵粉的分類

062　判斷麵粉特性的方法

071　**麵粉添加物**

078　**鹽是個重要角色**

079　**麵包師傅計算配方比例的方法**

081　**各國的特色麵包**

093　**工藝麵包師和社區麵包店**

096　**窯烤麵包**

098　**頁岩氣（Shale Gas）革命帶來的衝擊**

100　**食育（Food & Nutrition Education）**

Chapter 2

火頭工
做麵包

104　**起種（Starter）的製作**

106　水果起種的製作

108　穀物起種的製作

110　酸麵糰起種的製作

113　**續種**

114　**接種**

116　**前置發酵──老麵（Levain）的製作**

116　為什麼要養老麵？

117　Biga 老麵的製作和續養方式

122　Poolish 老麵的製作和續養方式

124　Lievito Madre 義大利水式／硬式老麵的製作與蓄養

126　Sourdough 酸老麵

127　Pâte Fermentée 法國麵包老麵

127　商業酵母隔夜宵種（Overnight Levain）

128　湯種（Tangzhong）

129　甜麵糰老麵（Sponges）

130　**後製作**

130　攪拌主麵糰

132　分割、預成型、中間發酵與整形

133　後發酵與烤焙

147　**十五種經典麵包的配方和製作程序**

148　老麵饅頭——華人的蒸氣麵包

152　佛卡夏（Focaccia）——義大利的扁平麵包

156　辮子麵包（Challah）——猶太人安息日吃的麵包

160　長棍麵包（Baguette）——法國人的最愛

164　鄉村麵包（Farmer's bread）——歐洲勞動階層的麵包

168　裸麥酸種麵包（Sourdough bread）——德國餐桌上的最愛

172　潘娜朵妮（Panettone）——義大利聖誕節的歡慶

176　土司（Toast）——早餐桌上的麵包

180　多穀物麵包（Multigrain bread）——歐洲的主食

184　司康（Scone）——介於餅乾和麵包之間的英式鬆餅

188　布里歐麵包（Brioche）——北歐介於甜點和麵包之間的麵包

192　拖鞋麵包（Ciabatta）——義大利的麵包

196　米琪麵包（Miche）——法國的鄉村麵包

200　口袋麵包（Pita）——肚子空空的麵包

204　臺日式甜麵包——東方人的流行麵包

Chapter 3

火頭工吃麵包

212　**臺灣飲食文化的演變**

215　**搭配麵包的元素**

215　麵包（Bread）

216　湯（Soup）

220　沾醬（Dip Sauce）和淋醬（Dressing）

220　沙拉（Salad）

221　調味料（Seasoning）

222　乳酪（Cheese）

223　**區域飲食文化與麵包**

223　早餐麵包

228　午餐和晚餐麵包

232　麵包在點心世界也佔一席之地

234　做出代表臺灣的麵包，唱我們自己的歌

火頭工
說麵包

酵母

鹽

奶油

鹽

水

橄欖油

老麵

糖

火頭工
說麵包

卡姆

臺灣紅藜

黑麥

斯貝爾特

T55

小麥

杜蘭

麵包是從哪蹦出來的？

數不清有多少日子在烤箱邊度過。我從很多地方學習到麵包的技術和理論，並且不斷的練習；每次嘗試新的方法都是一段冒險的旅程，尤其當麵包伴隨著麥香出爐的時候總是讓我覺得詫異，心裡想著這個方法究竟是誰想出來的、這些累積千年的技術總是令人如此驚喜。半夜裡我經常閱讀典籍、文獻、史書，想像著先民是如何做出麵包，究竟誰是第一位把麵包這美好的食物呈現在眾人面前。在呈現出的那時，應該就是一幅喜悅、歡樂與飽足的畫面，於是，如何重現古老而單純的麥香，漸漸地成為我終生的志業。

透過不斷翻閱古老的傳說和記載，我發現最早的麵包記載出現在歐洲，考古學者在岩石上發現麵包殘餘物的痕跡，經過檢測之後，發現距離現在大約有三萬年。因為這些麵包沒有經過發酵的程序，顯然當時還不具備利用酵母菌發酵食物的技術，但是也已經知道乾燥磨碎的種子不會繼續成長，可以大幅度延長穀物的保存期限，所以把磨碎的穀物加水調和、成了麵糊，放置在篝火旁邊炙熱的石頭上烤過，製作出沒有經過發酵的餅。這一類的煎餅流傳到今天，世界各地都還有人製作。餅沒有經過發酵的程序，做法很單純，只要把麵粉加水調和之後烘烤即可。從現代來看，做餅的技術比做麵包容易，因此，一般相信先有餅然後再有麵包，而且餅是不經意從石頭上蹦出來的。

食物與火的技術是先民們發展史最重要的元素。三萬年前，穀物研磨的技術發展，先民們將穀物乾燥之後，去掉不可食用的纖維質，接著研磨成為麵粉再製作成餅；餅的產生，大幅延長保存時間也同時提高食品安全條件以及建立量化生產的基礎。以

往先民們辛苦狩獵和攀摘，食物保存期很短，必須在腐敗之前盡速吃完；有了穀物研磨的新技術，先民可以「積糧、屯田」，產量增加、保存期延長、有了足夠的糧食。社會學家馬斯洛（Abraham Maslow）五個需求層級中最底層的生理層級得到滿足，當衣食無憂，先民開始有足夠的時間和人力進行分工，有人種田，有人打獵，有人開發新技術與產生創新的邏輯思維。在這個基礎上，西方麵包、麵食和東方饅頭的發酵技術也就在此時漸漸成型。

古埃及國王拉美西斯三世墳墓壁畫上的記載

發酵麵包最早的證據，發現於距離今天三千年前古埃及國王拉美西斯三世（Rameses III）墳墓裡的壁畫。壁畫上詳細記載當時製作麵包的流程，相當清楚地描繪當時的發酵技術，甚至可以看到製作麵包和釀酒的過程。壁畫圖片的左上角，是將微微出

發酵麵包最早的證據，記載於壁畫上。
取自wikihttps://commons.wikimedia.org/wiki/File:Ramses_III_bakery.jpg public domain

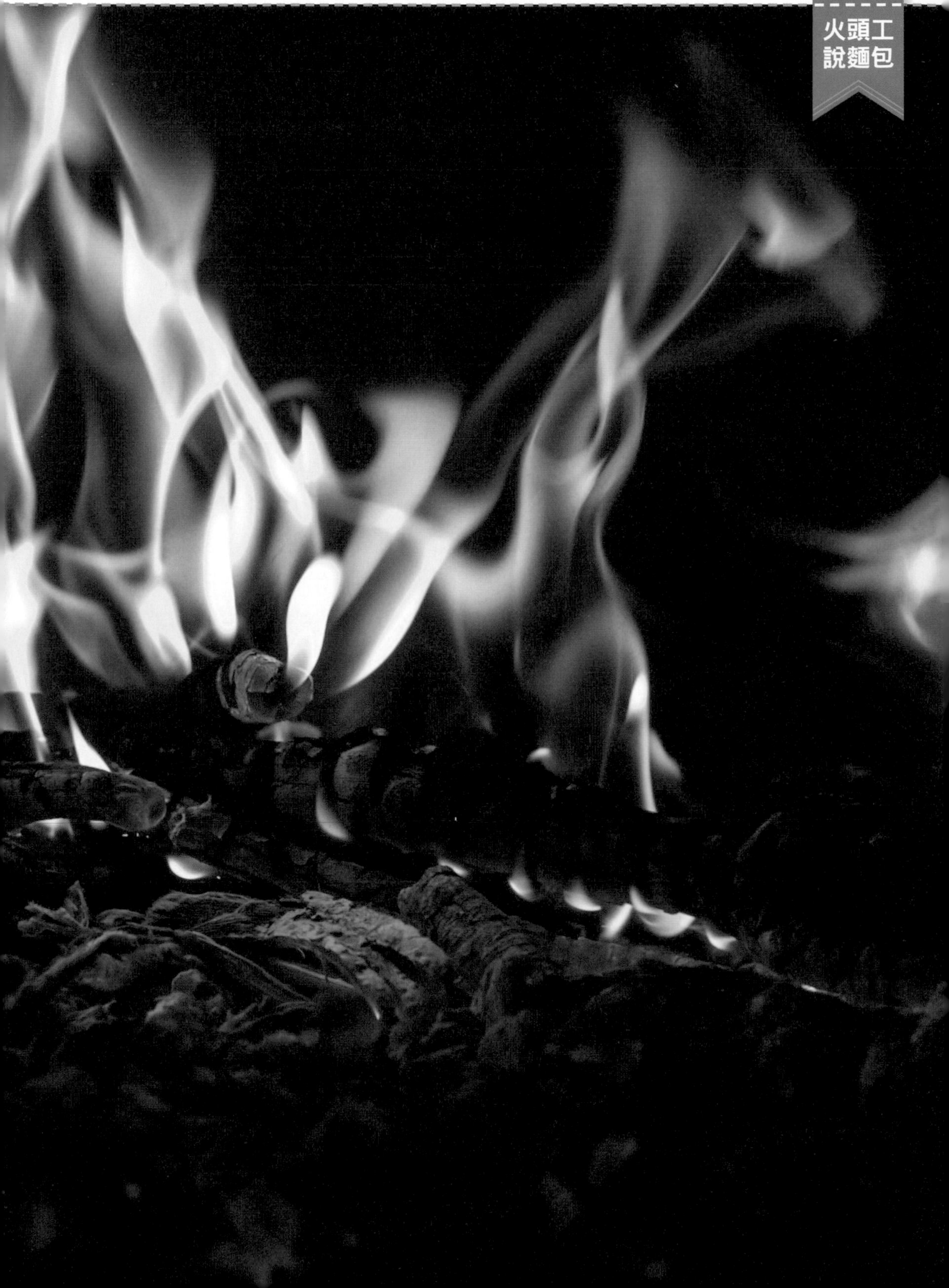

芽的麥子搗碎，進行發酵，取得麥汁，接著由左到右第二張圖以後，是發酵麵糰進入發酵分割整型，以及最右邊的烤焙。最右側圓柱形的爐子叫做tandoor，流傳至今很多地方還在使用，像是臺灣的胡椒餅或燒餅都使用這種爐子，在中東、新疆也使用這種爐子烤囊餅。

聖經文字中的記載

隨著食品保存和安全的技術提升，同時也開發出各式高效能的爐灶，替代石堆裡生火的原始架構。有了足夠的糧食，人類社會開始有更多的人力發展「食」以外的民生事業，包括衣住行育樂等等產業。為了保護既有的資源同時爭取更多的資源，士兵、將相、帝王、科學家、僧侶、教師紛紛出現在史書上；政治、軍事、教育的組織分工在三千年以上的四大文明古國裡幾乎都已經成型，其中，埃及古文明在這段期間居於領先的地位，奠定人類文明的基本要素，包括哲學、宗教、生化物理科學、醫學、數學、藝術等領域的基礎。人類為了能夠更加精準傳承這些思維與技術，文字更為結構化，可惜民生的議題與政治野心常常落於佛家所說的無間道上「模糊與兩難」，迫使人類展開幾千年來以戰爭為主軸的歷史。麵包卻就在宗教、政治、民生衝突最激烈的時代中留下第一段完整的記載。

最有名的一段故事是在聖經裡的出埃及記。故事敘述摩西帶著族人離開埃及，展開長達四十年的旅程。在這段行程中，記載了三種和麵粉有關的食物，分別是無酵餅（Matza），辮子麵包（Challah）和嗎哪（Manna）。從一離開埃及的時候，神要他們攜帶沒有發酵過的無酵餅。我認為這個記載很合乎科學邏輯，因

為沒有發酵過的乾糧比較容易保存,而且沒有經過發酵不會膨鬆佔空間,扁平的餅比較容易大量攜帶,適合戰爭或逃難。

除了無酵餅以外,聖經也記載週一到週五太陽下山前,天上會掉下一種叫做嗎哪的食物,使人民得以溫飽。這有點像是現代對於受災地區空投食物,可惜配方沒有跟著丟下來,所以我沒找到嗎哪的配方;至於辮子麵包則是在週五太陽下山以後到安息日吃的。我們可以想像這四十年走走停停的日子相當辛苦,在安息日休的時候,才得以吃辮子麵包這一類比較精製的美食。

古代的人怎麼做麵包?

我在烤箱邊上安安靜靜做了十二年的麵包,經常在半夜夢到自己還在攪拌麵糰、分割整形,隔天一早起床手臂感覺很痠,連自己都覺得好笑;腦袋裡的思緒單純到只有麵包,週末唯一的工作就是不同的閱讀,等候下星期的到來,有點像孔老夫子的學生顏回「一簞食,一瓢飲,在陋巷,人不堪其憂,回也不改其

左　麵粉
右　鹽

樂」。我的生活也趨向簡單，然而生命卻因為麵包更加豐盛。每當麵包出爐，那單純、自然的香氣總讓我的內心有著說不出的喜悅。

老祖宗把穀物乾燥，並且去殼磨成粉，可以延長穀物的保存期限，接著進一步把麵粉加水調和成麵糊。這些麵糊沒有經過發酵，直接烘烤成扁平的薄餅。在前文提到，聖經裡關於無酵餅的記載，就是屬於這一類型。我們把沒有發酵過的麵包歸為餅類，這是製作麵包最簡單的方法。

古人沒有像現代這麼複雜，麵包只分成無酵和發酵兩種。無酵麵包的材料也單純到只有「麵粉、水、鹽」三種而已。我可以想像這些簡單的素材所烘烤出來的薄餅，如何在空氣中散發出原始的麥香，我相信任何事越接近真善美的，其形式勢必越簡單。

水

現代科技製作出各種人工添加物，反而把麵包弄得更加複雜。

關於發酵過的麵包，這一點，我發現老祖宗比我們想像中聰明多了，因為那時候並沒有微生物方面的知識。但是，當他們發現麵糊置放的時間較長，會產生氣泡和酒香，接著烘烤麵糊，意外得到了口感外酥內軟的麵包，聰明的老祖宗因此學會製作麵包。雖然幾句話就說完了，可是考古學家發現從三萬年前的化石，一直到三千年前的壁畫，前後經過了兩萬七千年的歲月。

所以古代人做麵包，很單純，水、麵粉、鹽三個元素，烤出沒有經過發酵的薄餅，加上發酵的麵糰就成了今日的麵包。麵包的英文是bread，荷蘭文是brood，德文是Brot，這些都是源自於字根brew。這個字根在現代用於釀造，事實上最早的概念是源自於「發酵」。發酵過的麵糰，氣孔較大，柔軟且芳香，因此得到大家的喜愛，逐漸成為先民的主食，也是民生必需品，成為人類文明不可或缺的元素之一。

在古代，麵包甚至被賦予了社交與感情交流的意義。這樣的情感表現在文字上，例如英文裡的夥伴是company或是companion，這個字源出自於拉丁文的com with panis，中文可以翻譯成「帶著麵包來」。可見麵包已經融入當時的日常生活。而我們現在過父親節、母親節，或是探視病人，都是攜帶蛋糕，其實應該保留祖先留下的美好規矩，攜帶健康自然的麵包探視長輩、朋友或病人，所以出門送禮不要忘了正確的觀念是帶麵包，健康自然，禮輕情意重。

老麵（Levain）是什麼東西，扮演什麼角色？

「生生之妙，無有至深」，十二年的麵包生涯讓我深深體會這一句話的哲理。從無到有，從有到富裕，從富裕到奢華，從富裕到複雜，最後又回歸到自然，人生幾乎跳不開這個思維模式。麵包也是，從單純的鹽、水、老麵、麵粉到添加物氾濫，最後在不斷的食安風暴中又回歸到自然，生生循環。也許哲理早就寫在前頭，我們卻跌跌撞撞一路走來仍然在大自然的指掌間翻滾，還不如回到原點思考。先民們沒有商業酵母，這是缺點也是優點，因為他們必須靠著長時間置放才能做出老麵，再用老麵發酵麵包，這種方法比起現代的速發麵包更加健康美味，第一次拿來發

左　培養中的液種老麵

右　培養完成的液種老麵

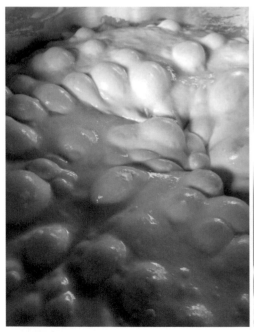

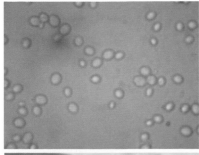

左　酵母
右　培養中的硬種
　　老麵
下　剛攪拌好的硬
　　種老麵

酵麵糰的麵糊稱為「起種」（Starter），接著加入麵粉揉成麵糰，
等到發酵產生香氣之後再烤成麵包。而每次留下一部份的麵糰，
用來製作下一次的麵包就稱為老麵，如此生生不息。

　　從現代科技的角度看老祖宗用老麵的方式發酵麵包，其實
很符合學理。麵糰會發酵是因為穀物裡有酵母的存在，發酵時產
生的二氧化碳和酒精，使麵糰膨脹、同時產生香氣。每天不斷重
複保留的老麵，時間越長，酵母菌越多，越能成為麵糰裡的優勢
菌種，這和現代生物科學「純化」的原理一樣。久了，老麵變
成可以世代傳承的資產，所以，英文使用Culture代表老麵，很有
意思，Culture這個字翻譯成中文就是「文化」，用Culture代表老

麵，有很深層的含義。

老麵的法文是Levain，因此，臺灣有人直接用它的發音把老麵叫做「魯邦種」。而義大利人的老麵叫做Lievito Madre，另外我們把德國、俄儸斯、美國舊金山製作酸種麵包的老麵，叫做酸麵種（Sourdough）。麵包師傅要退休的時候，就把老麵Culture「文化」傳給他的徒弟。文化是先人智慧的匯集，麵包師傅維護先人傳承下來的老麵與職人的精神，並發揚光大，再傳承給下一代，薪火相傳，永無窮盡。

在製作麵包的過程裡，老麵負責「前置發酵」，更明確的說法就是將發酵時間切割成為前後兩段，延長發酵時間。如果發酵時間充足，酵母就有足夠的時間繁殖，使族群數量達到最多；但是酵母的食物是葡萄糖，族群數量多可能就讓葡萄糖被吃光，此時會鬧糧食饑荒，所以把發酵程序分成兩段，讓酵母有足夠的時間可以從容不迫釋放各種酵素。尤其，酵母所釋放的澱粉酵素將澱粉分解成為葡萄糖，供應酵母族群成長，因此在發酵時間很充裕的時候，麵糰不需要加入人工添加物，缺點是時間較長、工序比較複雜。

發酵程序

葡萄糖 + 酵母 → 酒精 + CO_2 二氧化碳

酵母菌怎麼被發現的？

　　早期的麵包店，利用代代相傳的老麵製作麵包。那時沒有現代化的冷藏設備，這些老麵種的保存相當辛苦，必須每天像照顧小孩般的餵養呵護，沒有老麵就沒辦法發酵麵包，麵包店因而變成世襲壟斷的行業。1780年，聰明的德國人把麵包店傳承很久的老麵大量製造做成「老麵種」商品，賣給想開麵包店卻沒有老麵或是不想耗時費工餵養的人，於是大家都可以直接購買現成的老麵種來製作麵包，形成工業化分工。

　　這是世界上第一個賣老麵種的企業。麵包產業結構開始發生了變化，以往學徒拿不到老麵，一輩子就是學徒，這一套模式流傳到現代，很多麵包店還是把老麵當作公司的最高機密，用來區隔市場，避免學徒在鄰近也開一家店、互相競爭。1780年以後，那些擁有麵包製作工藝的人，已經可以輕易的買到老麵種開店製作麵包；接著1800年，這些製作老麵種的工廠已經學會把原本帶有水分的老麵（我們稱為濕性的老麵種），塗抹在紙上、形成很薄的薄膜，並且在低於35℃的條件下烘乾；乾燥後的薄膜很脆可以直接打成粉在用低溫保存，需要用的時候加水調和就能恢復活性。這種經過低溫脫水、保持活性、形成乾性的老麵種，方便攜帶，也能延長老麵種的保存期限。現代很多工藝麵包師傅還沿用這種方式，保存辛苦取得的老麵種，這也是近代商業酵母的前身。

　　麵包產業到這個時候已經具備工業生產量化的基礎。當時工業技術的水平，還不了解老麵種的主角就是酵母菌，只是把水果或穀物經過長期的培養，製作出穩定的老麵種、賣給麵包師傅。雖然開麵包店的門檻開始降低，分工的結果產能更高，但是相對

的也損失了獨特性。麵包店變得沒有個性，每家店做出來的產品都大同小異。理論上來說，科技進步所帶來的，應該是人類的幸福，然而思考邏輯往往和期待有很大的出入，科技協助產業工業化，卻意外地把產業導向降低成本、大量生產、長久保存的思考邏輯，導致麵包產業與大自然的法則漸行漸遠。

酵母的英文yeast源自於古英文gist與gyst，在印歐語系裡yes-這個字根的意義是boil、foam，或是bubble，翻譯成中文就是「泡泡」，因為麵糰發酵的時候會冒泡泡。

1680年，荷蘭的自然學者李文虎克（Antonie van Leeuwenhoek，1632–1723）透過顯微鏡觀察到酵母，但是那時候他還不知道有微生物的存在，只是很好奇這些小東西是什麼玩意兒。直到1857年，路易斯・巴斯德（Louis Pasteur）證實老麵種發酵是由微生物酵母產生氣體，不是化學反應。這是一個很重要的成就，既然知道發酵是由微生物產生的，就可以在實驗室中，利用適當的培養基，例如洋菜、馬鈴薯泥做成的培養基，在安全的環境中分離酵母的菌株進行培養，並且大量工業化複製，生產出現代的商業酵母（Commercial Yeast）。商業酵母不一定是單一酵母，每家廠商取自不同的來源，純化後加上載體和外披覆延長保存期限。為了讓麵包師傅更方便使用，各家廠商都有獨特、合法、安全的添加物，一般最常使用的添加物就是乳化劑和酵素。

麵糰發酵的時候會冒泡泡

　　酵母菌和我們玩躲貓貓幾萬年，而我們認識它只有160年，感謝巴斯德發現它們的存在，幫我們進入微觀宇宙。我們抬頭所看到的星光點點，每一顆星球都等待我們去探討，同樣的，微觀世界一樣精彩，從細菌、細胞……等等，也有太多奧妙等待我們去探索。

　　現代生物科技發達，酵母從自然界中取得、經過實驗室純化之後，大量複製；為了方便使用者製作出更加穩定的產品，加上載體和外披覆之後，酵母可以在常溫中保存達到一年的時間，也就是所謂的商業酵母，這在居家附近的雜貨店都可以買得到，很方便。目前市面上銷售的商業酵母種類很多，乾酵母、即溶酵母、新鮮酵母等等，大多數的麵包店都採用。

　　傳統的麵包師傅會以傳承數百年的方式製作起種和老麵，一般稱為天然酵母。事實上商業酵母和天然酵母兩者都來自於天然的環境，商業酵母以現代科技包裝。先民沒有商業酵母可以購買，大都以穀物、食用水果，例如小麥、裸麥、葡萄、芭樂、紅棗、枸杞、酒麴……等等培養，數千年的製作經驗，簡單豐富沒有使用添加物，唯一的載體就是麵粉。雖然商業酵母濃度高、方便使用，但擁有一個傳承百年或是具有區域特色的老麵一直是麵包師傅的驕傲，因此老麵是世界級麵包大賽必然的比賽項目之一。

　　同樣的發酵概念也被運用到許多的傳統發酵食品，涵蓋範圍很廣，例如酸奶、乳酪、酒釀、泡菜、醬油、食醋、豆豉、黃酒、啤酒、葡萄酒、臭豆腐、酸黃瓜、苦白菜、沖菜、韭黃、茶葉、綠豆篁……等等數不清的生活領域。雖然各個行業都有現代發酵技術降低生產時間和成本，然而這些行業的師傅也以擁抱百年傳承的發酵方式為榮。

酵母菌在麵糰裡面做什麼？

　　鄰居的菲傭常常來買麵包。有一次她實在忍不住對我說：「叔叔你一定很有錢。」我聽了覺得很好笑，問她為什麼，她說：「你看，一點點麵糰發這麼大！」聽完之後我笑了很久，原來我這麼有錢怎麼自己都不清楚，很有趣。其實，我發現不管有沒有做過麵包，大家都知道麵糰會冒泡泡，然後變大，這就是我們所謂的發酵。酵母菌的作用就是不斷產生氣體，使麵糰變得很大，而發酵不是在發現酵母菌之後才有的名詞，早在三千年前先民對於發酵已經掌握得很好。

　　英文發酵fermentation源自於拉丁文fervere與to boil，意思是：像煮沸一樣會冒泡泡。考古學者在不同的地方發現很多證據，顯示先民們已經會使用發酵方法來製作麵食，從西元前7000年的中國大陸，到西元前1500年的蘇丹，世界各地都找到了使用發酵麵糰的考古證據。先民雖然還不具備微生物的技術，但是從長期的經驗，他們了解傳承越久的老麵越穩定，發酵能力越好。現代科技進步，我們已經充分了解百年老麵的主角其實是酵母菌，它們在缺氧的環境下執行發酵作用、釋放酒精和二氧化碳，當酵母菌在麵糰裡成為優勢菌種，老麵就越加穩定。

酵母菌發酵的程序

　　$C_6H_{12}O_6$（葡萄糖）$\rightarrow$ 2 C_2H_5OH（酒精）+ 2 CO_2（二氧化碳）。

酵母在有氧的環境（Aerobic）也能生存，它們改成執行呼吸作用把葡萄糖轉化成二氧化碳和水。呼吸作用產生的能量遠高於發酵作用，可以加速酵母的世代繁殖。

水量越高，氧氣就越多。酵母執行呼吸作用的機率較高，繁殖較快，但相對也損失發酵過程產生的風味。水量越低、氧氣越少的麵糰，發酵風味越好，時間需要越長但是風味絕佳！同時因為酵母不會游泳或移動，需要增加麵糰翻折的次數，可說是耗時費工。因此，我們在製作麵糰的時候，可以充分運用溶解在水裡的含氧量來調節發酵過程，讓麵包師傅得到想要呈現的特性。

微生物的世界和人類的社會大同小異，既競爭又不得不相互依賴，這種微妙的關係，我們的術語叫做「社會」或是「國際」。發酵時酵母大量的排放酒精，可以殺死或是抑制很多其他的微生物，加上不管是發酵或是呼吸都排出二氧化碳，消耗掉氧氣，這使得耗氧的微生物難以生存，幾個生命循環周期下來，酵母就會成為麵糰裡的優勢菌種。

酵母菌非常的霸氣，像人類一樣，一旦佔領了地球，就會強勢的發展與排他，形成地球上的優勢族群。當酵母菌的實力越來越強大，有些微生物處於劣勢下不敢不低頭，眼看活不下去了便會妥協，它們所選擇的生存方式就是和酵母菌互利共生，例如乳酸菌和醋酸菌。站在我們的高度看微生物，它們的世界其實很有趣也很人性化；同樣的，神站在祂的高度看我們，應該也會覺得很有趣。

酵素（Enzyme）扮演什麼角色？

　　大大小小的生物都一樣，沒吃就會死掉，吃多了也會撐死，太小塊吃不飽，太大塊會噎死，微生物也不例外。酵母不管是執行發酵作用或是呼吸作用，都需要大量的葡萄糖當食物。這些屬於單醣的葡萄糖從哪裡來呢？穀物裡最大宗的是澱粉，澱粉是一種白色、無味、無臭的粉末。分子式（$C_6H_{12}O_6$）n 是多醣，有直鏈式和支鏈式兩種。小麥的澱粉大都屬於直鏈式的多醣，酵母無法直接食用，必須依賴澱粉酵素（Amylase，澱粉酶）把直鏈式的多醣分解成單醣，提供酵母生長所需。澱粉酵素的來源可以來自酵母菌自身分解出的酵素，此外，穀物種子發芽的時段也會釋放出酵素。

　　1965年諾貝爾獎得主賈克・莫諾（Jacques Monod）提出「兩期成長理論」，說明酵母菌在第一期吸收葡萄糖，讓它可以快速成長，當這些葡萄糖被用盡的時候，它們進入第二期釋放出酵素

兩期成長理論

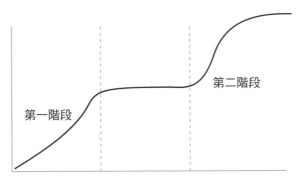

酵母在第一階段食用葡萄糖，協助快速生長，在葡萄糖用完的時候，釋出酵素去裂解澱粉成為單醣進行第二階段成長。

裂解澱粉等多醣成為單醣，進行成長。

　　酵素有另外一個名稱「酶」，又叫做「觸酶」。很多種子或微生物都具備釋放酵素的能力，目的是協助它們分解大體積的物質，裂解成它們可以食用的小物質。酵素被稱為觸酶，是因為它們有一身宇宙無敵的功夫，例如：澱粉是由許多單醣組成的，酵母需要的食物是單醣裡的葡萄糖，因此酵母會釋出澱粉酶去裂解體積龐大的澱粉，把澱粉變成葡萄糖供己食用；裂解完之後，酵素還是毫髮無傷的變回自己，繼續下一回合的動作。所以酵素的數量不需要多，卻可以執行龐大的任務，觸酶的名稱也緣於這項特異功能。

　　臺灣習慣吃加料的甜麵包（Enriched Bread）。很多人認為麵包一定要放糖才能製作，其實這觀念是錯誤的。如果有足夠的時間和水讓澱粉酶產生作用，它會把澱粉分解成單醣，就像很多無（蔗）糖的麵包，採用長時間發酵，麵包依然很甘甜。原理在於澱粉被澱粉酶充分裂解成單醣，自然甘甜。在店裡我最怕被客人問到：你的麵包有沒有放糖？澱粉本身就是多醣，如何回答呢？頭痛！我只能回答沒有放「蔗糖」。

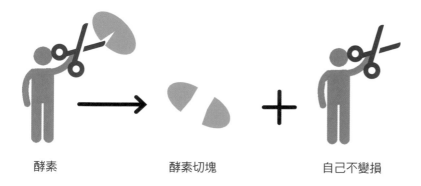

酵素　　　　　　　酵素切塊　　　　　　自己不變損

酵素有如一把利剪，把澱粉或蛋白質切成小塊。

所以發酵不單是酵母的運作，還包括了酵素的參與。從古埃及國王拉美西斯三世墳墓的壁畫，我們發現先民們很早就知道如何選擇在最適當的時機進行發酵。他們把穀物打碎，雖然壁畫上沒有說明那些正在被搗碎的麥子是否發芽，但是以生產麥汁（Wort）用來發酵的流程來說，那些應該是剛發芽的穀物，和現在的釀酒程序一模一樣。

　　他們也許不懂微生物，但是經驗的累積讓他們清楚了解穀物微微發芽的時候，釋放出來的酵素最多。先民就利用這個酵素最多的階段製作麥汁，用來發酵麵包。同樣的原理，這個階段酵素最多，也可以用來釀酒，事實上麵包和酒兩者發酵的原理一樣，所以有人說「酒是液態的麵包，麵包是固態的酒」。

　　酵素的活力在30℃到50℃活力最強，超過65℃，酵素完全失去作用。到目前為止，酵素還無法用人工合成，所以歐盟的人工添加物編號（E-Number），把酵素由人工添加物中剔除，認

酵素與溫度的關係

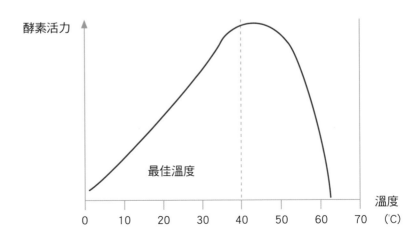

為酵素是合法的天然食品。對於製作麵包而言，有三種酵素最為重要，其一是裂解澱粉的澱粉酵素（Amylase，澱粉酶），其二是裂解蔗糖的蔗糖酶（Sucrase），其三是裂解蛋白質的蛋白酶（Protease）。

這三種酵素在麵包的製程扮演很重要的角色。澱粉酶和蔗糖酶，提供酵母最基本的食物葡萄糖，使酵母的族群數量增加，並且排出大量的二氧化碳，使麵糰受熱時膨脹體積變大。蛋白酶切割蛋白質，增加麵筋形成的機會，使麵糰的結構更加穩定。

澱粉酶切割澱粉成為單醣

澱粉酶有 α -type 與 β -type 兩種，其中 α -type 把直鏈式的澱粉（$C_6H_{12}O_6$）n 切割成單醣葡萄糖。

梅納反應和焦糖化
產生麵包的色澤和香氣

　　佛家把人和外宇宙接觸的界面，分為這六個頻道：眼耳鼻舌身意、色聲香味觸法。眼觀色、耳聽聲、鼻聞香、舌探味，身覺觸、意傳法，很顯然視覺顏色擺在第一位，可見顏色的重要性。這與做麵包的道理一樣。簡單來說，麵包的色澤關係到賣相，直接影響到銷售量。

　　酵素把澱粉裂解成單醣。事實上，澱粉酵素有 α 和 β 兩種不同的形態，隨著切割的角度不同，會切出不同的糖類，葡萄糖只是其中一種而已，這些被切割出來的糖類多半屬於還原糖（Reducing Sugar）。

　　法國科學家路易斯-卡密爾‧梅納（Louis-Camille Maillard）在1913年發現，還原糖扮演一個很重要的角色，就是和蛋白質的氨根等結合，產生一連串的化學反應，使麵包上色並且同時產生顏色變化及風味。這證實了麵包表皮上色不單純是由糖類焦化所引起。1953年由美國伊利諾州化學家約翰‧霍奇（John E. Hodge）正式發佈，並以原始發現者的名字，命名為「梅納反應」（Millard Reaction）。

　　梅納反應從40℃就開始緩慢的進行，而蔗糖焦糖化上色的溫度需要達到160℃以上才開始進行。蛋糕烤焙的溫度較低，無法達到焦糖化所需要的溫度，很多人在製作蛋糕的時候會加入轉化糖，因為轉化糖是利用酵素把蔗糖分解成葡萄糖和果糖，這些都是還原糖，可以參與梅納反應，協助蛋糕上色。麵包的烤焙溫度較高，一般都會超過200℃，前段時間上色的原因主要還是梅納反應，到了後來才是焦糖化反應。熟練的麵包師傅善於運用這兩

梅納反應

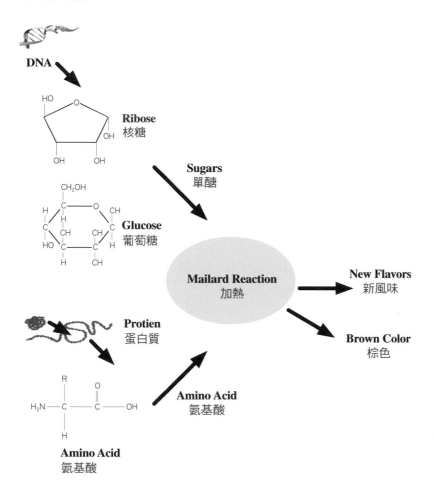

種反應控制烤箱的升溫和降溫，來取得他期望的風味；所以製作
麵包的製程和材料容或相同，然而不同的師傅會有不同的詮釋方
式，原因就在這裡。

焦糖化反應是在高溫脫水的情況下，碳氫氧聚集形成高分子
的鏈接、產生顏色和風味的改變，與酵素裂解的還原糖無關。蔗

糖、葡萄糖在160℃以上產生焦糖化反應，麥芽糖在180℃進行，而果糖只要在110℃就開始進行焦糖化反應。

　　梅納反應和焦糖化反應，是影響麵包顏色和風味的兩個主要因素。梅納反應色澤為黃色到褐色，味道芳香；焦糖化反應顏色由褐色到黑色，味道偏苦；產生焦糖化反應的溫度比梅納反應高出很多。我們可以利用這段溫差設計產品烤焙的溫度，例如：乳酪蛋糕烤焙溫度我們設在120℃到150℃之間，就比較沒有焦糖化的問題；磅蛋糕的糖量較高，我們希望有些焦糖化的風味，可以把溫度設在150℃到180℃之間，分段烤焙，前低後高，前段進行梅納反應，後段用短時間升溫，使表面微微焦化，風味絕佳。烤麵包也是以同樣的原理進行，特別是烤2公斤左右的大麵包，我們前段的溫度會降低到180℃以下，長時間把麵糰內部烤熟，最後再升溫。

煮焦糖

乳酸菌、醋酸菌可以和酵母菌共存

　　1860年，法國酒商曾經發生葡萄酒變酸、無法長時間保存，因此蒙受重大損失的事情，這就是著名的「法國酒病」（Diseases of Wine）。正好，1857年路易斯・巴斯德發表了關於酵母菌的論文，於是法國政府指派他去了解並解決問題。他懷疑在發酵的過程中，除了酵母菌以外，可能還有其他微生物能和酵母菌並存，這些微生物就是使葡萄酒變酸的原因。果然他發現了是乳酸菌在搗蛋。葡萄酒變酸的原因，是乳酸菌製造出乳酸的結果。這個發現解除了法國酒商的困境。現在，我們已經了解乳酸菌屬於益生菌類，它們把葡萄糖轉化成乳酸，使麵糰產生美好的酸味，除了和酵母菌競爭食物，也會處理酵母菌的殘骸，所以兩者可以並存，亦敵亦友。

酵母菌、乳酸菌共存曲線

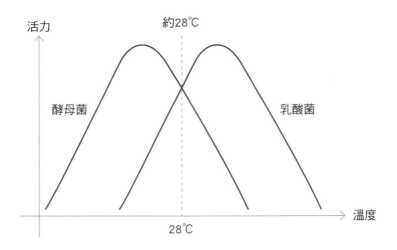

另外，還有漂浮在空氣中的醋酸菌也會產生酸味，它們是益生菌，把酒精轉化成醋酸，所以中國字以前的寫法有兩種——「醋」或是「酢」，意思即「昔日之酒」或是「昨日是酒」。酒精是酵母發酵排出的廢棄物，醋酸菌擔任掃廁所的職務，所以醋酸菌和酵母菌也是共存的。在麵糰裡，兩者都會產生酸味，可以以現代科學的方式用酸度計測量PH值，PH=7是中性，數值越低越酸，大於7就是鹼性，我們可以接受的酸度範圍大約在PH=3.8以上，低於3.8就太酸了。

細菌和人類一樣有生老病死、新陳代謝等等問題，為了生存，細菌的社會已經發展出一套遊戲規則，彼此在競爭中相互廝殺。在細菌的社會行為中，有些又會選擇共存相依，成群結黨，打群架。酵母菌、乳酸菌和醋酸菌就是選擇這種共生模式，相互依存。這是細菌在幾億年來都可以生存的原因，即使在惡劣的環境，它們也會形成耐熱抗酸的孢子，然後縮在裡面睡覺，等待機會甦醒。

酵母菌的體積大約在10um到40um左右；乳酸菌個子嬌小，大約只有1um左右，因為可以和酵母菌共存，在製作麵包的過程中，我們可以運用溫度的調整，控制麵糰的酸度。低溫長時間的發酵過程有利於酵母菌的成長，在酵母菌越來越多，成為麵糰裡數量最龐大的優勢菌種之後，調高溫度使乳酸菌成長，麵糰的酸度自然升高（PH值下降）。我們就利用這個原理製作酸種麵包。

酸種麵包是舊金山的驕傲

　　酸老麵源自於歐洲，默默運作了好幾千年，1849年美國淘金熱（California Gold Rush）的時期，一位來自法國勃根地的麵包師傅伊西多爾‧布登（Isidore Boudin）把製作麵包的技術帶來美國，並且在舊金山設立一家麵包店Boudin Bakery，這家店幾經易主，但是一直開到現在。他帶來的酸老麵，就是後來舉世聞名的「舊金山酸老麵」（Sourdough San Francisco）。舊金山酸老麵所製作出來的麵包就叫做舊金山酸種麵包，現在已經成為世界各地競相學習的對象，也是舊金山的驕傲產業，風靡全世界，成功的原因主要在於麵包本身的特色和美式的行銷手法。因為舊金山酸麵種麵包的成功，很多生物科技公司陸續推出酸麵種的風味添加劑，使酸種麵包更容易大量生產。

　　麵包屬於民生產業，以前麵包師傅彼此之間不太需要競爭，也不需要花時間成本去作廣告行銷，只要面對麵糰好好把麵包做好，小小的社區就可以養活一家麵包店。但隨著工業化體系的發展，人工添加物合法而且普及，新製作麵包的方法逐漸替代了傳統的麵包店，因此大量生產的連鎖企業逐漸抬頭，透過行銷宣傳的模式攻佔市場。

圖片取自https://en.wikipedia.org/wiki/Gold_rush#/media/File:Panning_on_the_Mokelumne.jpg Public domain

唐・格拉做的酸種麵包

兩位微生物學者法蘭克‧蘇奇哈爾（Frank Sugihara）和李奧‧克萊恩（Leo Kline）在美國農業部實驗室中深入研究，發現麵糰偏酸的原因在於麵糰裡含有對人體很健康的乳酸菌，產生的乳酸使麵糰變酸。這種麵糰一般用的麵粉是裸麥（Rye），也就是俗稱的黑麥，有別於一般製作麵包的小麥麵粉。裸麥以顏色較深、接近灰黑色得名，主要產地在德國到俄羅斯這一帶，延伸到中國的東北地區。裸麥製作成的老麵，口感偏酸，具有「苦者回甘，酸者生香」的特性，德國、俄羅斯以偏酸的黑麵包聞名，而舊金山加以發揚光大。

　　結論是好的產品如果可以搭配好的行銷模式，相得益彰，可以發展得更好。而作為麵包師傅的前提是認真把麵包做好，當產品達到一定的水準以上時，佐以善意行銷的理念，兩者就可以相輔相成。我看過很多很認真的麵包職人，往往因為沒有良好的通路而無法永續經營，這是很可惜的。舊金山酸種麵包就是一個結合產品和行銷的成功個案。

　　許多研究報告指出酸麵種對身體有許多好處：

1：酸麵種來自於野生酵母，有其獨特的風味。

2：酸麵種產生有利於人體的乳酸，乳酸量增高，相對的，抑制植酸（Phytic acid）的數量，使礦物質更加容易吸收。

3：由於酸麵種長時間發酵，有足夠的時間讓各種酵素執行裂解，讓麵包更加容易消化。

4：酸麵糰可以抑制黴菌的滋長。

5：乳酸菌能產生有益的化合物是天然的抗氧劑，預防癌症，對自體免疫疾病的治療有幫助。

6：酸種麵包傳承最古老的製作工序，健康自然。

麥子的種類

　　麵包主要的原料是麵粉，麵粉是由麥子磨成的，麥子種類很多，目前市面上看得到的品種很多，主要有小麥（Wheat）、大麥（Barley）、裸麥（Rye）、燕麥（Oat）、蕎麥（Buckwheat）、斯貝爾特（Spelt）、杜蘭小麥（Durum wheat）、藜麥（Quinoa）、西藏青稞麥（Hullessbarley）、北非鐵麩（Teff），卡姆小麥（Kamut）等等。

　　小麥主要的生產國依序為中國大陸、印度和美國，其次才是法國，至於臺灣、日本本土生產的小麥數量不多，不夠內部使用，大部份都要仰賴進口。麵粉是由麥子磨成的，以往在臺灣大都是接受來自美國的麵粉，因此，我們常誤認為麥子只有小麥一種。臺灣主要的作物是稻子，麥子大都是利用冬季的時候栽種，

臺灣藜麥有紅、黃、磚紅、黑等顏色。這是臺灣原生種藜麥。

臺灣也有麥田（東石 十甲農場）圖／宏捷

卡姆小麥

所以我們誤認為麥子是冬季作物，其實是因為臺灣冬季雨水較少，很適合小麥生長。

所以臺灣生產的麥子，大都利用冬季進行，11月份播種，次年3、4月收成，從播種到收割大約120天左右，相當於雜糧作物生產的季節。

國民政府來臺以後，臺灣的小麥大都屬於混種硬粒小麥，介於美加的硬紅麥和歐洲的硬白麥之間。日治時代，臺灣小麥播種範圍涵蓋整個嘉南平原，從彰化到屏東、臺東，雲林至今仍有地

名「麥寮」，可見當時的盛況。但是到了1950年以後，美國對臺灣進行援助性貸款。大量的美國小麥以低廉的價格傾銷，臺灣的小麥失去經濟價值，紛紛廢耕。只有大雅一帶持續種植小麥，供應公賣局金門酒廠釀酒用。因為耕種面積減少，50年來小麥種植技術漸漸流失，甚至經常聽到有人說臺灣只能種稻子，不能種小麥，其實這是不正確的。

　　不過以「美援」為名的那個時代，正是我年幼成長的階段，留下很多很有趣的回憶。那個時代民生物資極端缺乏，記得小時候還穿過麵粉袋製作的內衣，就是把麵粉袋剪三個洞，腦袋鑽進去，就是一件內衣；也吃過政府配給的麵粉製作成的麵疙瘩、饅頭、餃子。媽媽還會把麵粉加水和糖攪拌後放到平底鍋上煎，這是我們家特製煎餅，媽媽把桂圓乾攪拌到麵糊裡，煎成薄餅，在那個民生匱乏的時代，可以說是宇宙無敵超級好吃，到現在還很懷念。另外，炒麵粉，炒到泛黃就是麵茶粉，泡水喝就叫做麵茶，麵茶粉是我一生中難忘的回憶之一。媽媽離開好多年了，兒時的記憶，懷念又傷感。

　　1950年之後，臺灣市場上都是以美國小麥（Wheat）為主，麵粉在當時對我來說就是美國小麥磨成的，從沒想過麥子除了小麥以外還有很多種。2000年以後，臺灣環保意識抬頭，縮短碳足跡的概念在臺灣興起，又回過頭來開始省思過份依賴美加進口小麥這個策略是否正確？在政府補助的前提下，小麥在臺灣開始進行一連串的復耕行動，加上老少文青返鄉的潮流，也吸引不少人返回故鄉種植。

　　目前在臺灣買得到的麵粉種類越來越多了，在我的成長經驗中，其他的麥子我完全陌生，沒能和麵包聯想在一起。後來開始製作麵包以後，才知道麥子的種類其實很多，不只是小麥，例如臺灣原住民朋友常會在小麥田的四周種植藜麥（Quinoa），藜麥

營養價值極高，被譽為最適合人類食用的穀物，原住民朋友用來發酵小米酒。

這些不同的麥子在每個區域影響了當地的文化、歷史和戰爭。製作麵包最常用的還是小麥為大宗，其次是裸麥，裸麥又叫做黑麥，含豐富的乳酸菌，是製作酸種麵包最好的原料。

地中海四周的國家，從義大利到土耳其都有生產杜蘭小麥和卡姆小麥。杜蘭小麥被做成麵條、麵包和許多當地的特色美食甜點。卡姆小麥原產地在伊拉克、伊朗，原名叫作Khorasan，特性是顆粒很大，後來被美國農民移植到美國復育成功，還跑去註冊一個新的名字叫做卡姆（Kamut），並且成為他們的商標，有趣的是，現在很少人知道什麼叫做Khorasan，市場上大家都只知道Kamut。我們也不得不佩服老美的市場行銷能力。

杜蘭小麥

麥子的結構

　　麥子有這麼多的品種，不同的麥子磨成不同的麵粉，特性不一樣，名稱上如果都稱為麵粉，很容易發生混淆，因此，麵包師傅工作時為了避免誤解，會用比較專業的方法描述麵粉。如果說到高筋麵粉、低筋麵粉等，大致上指的是小麥磨成的粉，其他特殊的粉則會冠上麥子的名稱，例如：裸麥粉、杜蘭麥粉、卡姆粉……等等。

　　不同種類的麥子各有不同的特性，但是結構大致相同，主要由胚芽、胚乳和麩質三個部份組成。

1、胚芽

　　胚芽的部份含有可食用的膳食纖維、脂肪酸和蛋白質，這幾樣比較容易腐敗變質，因此在磨製麵粉的過程中經常把胚芽分離出來，乾燥後低溫保存，單獨銷售，避免胚芽在麵粉中因為保存環境因素而造成麵粉變質。

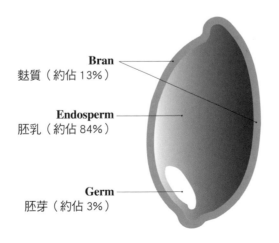

Bran
麩質（約佔 13%）

Endosperm
胚乳（約佔 84%）

Germ
胚芽（約佔 3%）

2、胚乳

胚乳的部份主要是澱粉，其次是蛋白質和油脂。蛋白質的部份影響到麵糰的筋度強弱，一般我們將麥子磨成麵粉主要就是胚乳部份，胚乳含有大量的澱粉，是種子最大的糧倉，澱粉是多醣，經由酵素裂解以後成為單醣，提供種子發芽需要的營養。我們把種子磨成麵粉以後，種子無法繼續成長，酵母菌則利用它產生的酵素把澱粉裂解成葡萄糖，做為酵母菌成長繁殖所需。

3、麩質

麩質是較硬的部份，主要由纖維構成，其中只有一部份是可食用的膳食纖維。但有些纖維較為粗糙不適合食用，有些麵粉磨製的過程，會先把麩質去除纖維，做成比較精製的白麵粉。有些廠商會把去除掉的麩皮研磨後，混合一些麵粉當作全麥粉銷售。久而久之大家都以為整粒研磨的全麥粉很粗糙，就是因為用麩皮混合麵粉權充全麥粉銷售，造成全麥粉的名稱被模糊掉了，有些供應商為了避免消費者混淆，就把整粒研磨的麵粉改名為「全粒粉」用以區隔市場。

麵筋和麵粉的分類

　　小麥中所含的蛋白質可分為麥穀蛋白（Glutenin）、醇溶蛋白
（Gliadin）、酸溶蛋白（Mesonin）、白蛋白（Albumin）、球蛋
白（Globulin）等等。其中麥穀蛋白、醇溶蛋白不溶於水，佔小麥
蛋白質70%以上，兩者在氧化的過程形成強而有力的雙硫鍵。雙
硫鍵數量的多寡決定麵糰筋度的強弱，也決定了麵糰的延展性，
這就是我們俗稱的麵筋。在麵包製作過程中，麵筋和蓋房子的鋼
筋一樣，都是扮演支撐的角色；麵筋太強麵包膨脹不起來，麵筋
太弱麵糰會塌下去。

　　同樣是小麥也有很多不同的品種，蛋白質含量各自不同。小
麥的品種大致上可依照麥子的顏色（紅或白）、種子硬度（硬或
軟）和播種季節（春或冬）三個條件來區分。不同品種的小麥有
不同的特性，用來研磨不同用途的麵粉，例如硬紅麥可以用來磨
成高筋麵粉，軟白麥可以磨成低筋麵粉。同一個品種的麥子在不
同的季節種植，呈現的特性也不一樣，硬紅麥又可依季節區分為
硬紅春麥、硬紅冬麥等等，磨出來的麵粉特性也不同。

　　不同的麥子磨出不同筋度的麵粉，彼此可以混合，做成不同
筋性的麵粉，提供給不同的用途使用，例如高筋配低筋做成中筋

麵筋的形成

麵粉、蛋糕粉、法國麵包粉等特殊用途的麵粉。也有麵粉廠商會加入麵粉改良劑（Flour Treatment Agent）調整麵粉的特性用來作為不同用途的專用粉。例如：拖鞋麵包專用粉、法國麵包專用粉等，除了以天然的麵粉調配以外，有些專用粉會加入合法的麵粉添加劑使操作更加容易。

因為我們生活上所用的麵粉是以小麥為主，所以在臺灣我們習慣把麵粉單純的分成三種規格：高筋、中筋、低筋。但是在歐洲區分麵粉的編號不是以筋度大小來區分，而是用麵粉的灰份比例來標示。灰份是麵粉加溫到600℃以上所殘餘的物質佔總重量的百分比，把它想成是麵粉的舍利子就是了，菁華都在裡面，例如：德國的Type550就是含灰份0.55%，法國叫做T55，灰份代表麵粉精製的程度。

但是這樣一來，很容易搞混，例如說Type1050，我們會分不清楚是小麥1050，還是裸麥1050，所以用麥子的名稱，加上不同程度的研磨來作為麵粉的名稱。約定成俗，如果單獨說Type1050，沒有特別聲明麥種名稱，指的就是小麥。如果我們說「裸麥1050」指的是灰份1050的裸麥粉。如果我們說「全麥粉」，指的是整粒研磨的麥子，如果是其他的麥子整粒研磨，我們就加上麥子的名稱，裸麥全麥粉、斯貝爾特全麥粉……等等以此類推。

另外，現代麥子的研磨技術很進步，可以把麥子分離出數十種不同的組成物質。我們可以根據需求重新作不同的組合。例如同樣是T55麵粉，我們可以保留原有的組成物質，也可以去除一些澱粉、改變蛋白質和澱粉的比例；所以同樣是T55麵粉，我們發現有些T55標示為高筋麵粉，因為澱粉去除一部份以後，蛋白質佔麵粉的比例提高，這種做法運用在很多不使用強筋劑的有機麵粉。

麵粉的名稱=麥子的名稱+灰份編號

　　歐洲麵粉的分類方法很清楚易懂，不過也有例外，尤其到了義大利就麻煩了，我想這和義大利人浪漫的個性有關。臺灣有進口商進口義大利麵粉，每次我都看得一個頭兩個大，例如義大利的Type00指的是萃取率低於50％。所謂出粉率，簡單講就是100公斤的麥只能做出50公斤麵粉，出粉率越低代表麵粉越精製，Type00是義大利麵粉中最精製、最柔軟的麵粉，比較接近我們的低筋麵粉，或是蛋糕粉、粉心粉之類的，其他編號還有Type0、Type1、Type2和Integrale。Type0接近法國的T55，Type1接近法國的T80，Type2接近法國的T110，Integral則屬於全麥粉。

　　從營養成份的角度看，Tipo00和Tipo0完全沒有麩質和胚芽，而Tipo1有部份比例的麩質，Tipo2屬於出粉率較高的麵粉，在義大利稱為半全麥粉（Semi Integrale），再來就是全麥粉（Farina Integrale，整粒小麥含胚芽和麩質加以研磨所以需要冷藏）。

世界各國麵粉編號

義大利麵粉編號	德國麵粉編號	法國麵粉編號	美國麵粉名稱
Tipo00	Type405	T40	Pastry flour
Tipo0	Type550	T55	All pourpose flour
Tipo1	Type812	T80	High gluten flour
Tipo2	Type1050	T110	High extraction flour
Tipo integrale	Type1600	T150	Whole wheat flour

判斷麵粉特性的方法

　　因為麵粉的種類很多，生產的地方也不一樣，各地的特色麵包大都使用當地的特色麵粉。例如在義大利很多麵包都會搭配杜蘭小麥，包括佛卡夏（Focaccia）、披薩（Pizza）、潘娜朵妮（Panettone）等等；但是到了德國、俄羅斯大部份的麵包會使用裸麥和斯貝爾特；到了美國基本上還是以小麥為主，現代交通運輸發達，在臺灣幾乎什麼樣的麵粉都可以買得到。要能靈活運用這些麵粉，就必須學會判斷麵粉特性的方法。做麵包不外乎三個原則：做對的麵包、用對的粉、選對的製程。如何判別麵粉的適用性，就必須仰賴許多較為精確的數據或法則。

　　這些法則有些以數字表現，有些則以文字描述，判斷麵粉的品質的目的有二：

　　　1：針對不同的麵粉，了解其特性：例如使用裸麥粉和使用小麥粉製作麵包的配方比例、水量、攪拌、發酵、整形等過程都不一樣。

　　　2：針對相同的麵粉，如何區別其特性：例如不同廠牌的T55差別在哪裡？

　　以下就針對如何判斷麵粉品質的方法說明：

1、顏色

　　顏色是判斷麵粉的一個基本方法，用來分辨不同編號或是編號一樣但是不同批次的麵粉。批次指的是採收運送的批次，例如美加小麥送到臺灣，我們往往會標示船期，作為批次的代號。另外還用於判斷麵粉的純度，方法很簡單，把不同的麵粉放在一

片透明玻璃的下方，麵粉有差異時，透過玻璃的折射分光，可以很清楚地看出差異或是判斷有沒有混合其他不同的粉。但是這個方法只是一種基本的判斷方式，不適用於混合粉、預拌粉或是含有人工添加物的麵粉，因為這些調配過的麵粉，用目測很容易誤判。

2、手感組織

麵粉的組織特性影響到麵糰的操作，例如麵包用的粉，用手摸起來比較粗，揉成一糰很容易散掉；蛋糕專用粉則手感比較

從左至右：全麥粉、高筋麵粉、斯貝爾特。

細，揉成一團不容易散掉。同樣的道理，低筋麵粉也是比較容易
成糰。所以，我們比較兩袋高筋麵粉和低筋麵粉會發現低筋麵粉
那一袋比較容易結塊、使用前必須過篩。

3、吸水率

麵糰的吸水率是麵粉攪拌成麵糰的最大吸水量和麵粉重量
的百分比，特定重量的麵粉能吸收的水量有一定的限度，一般我
們會希望吸水性越強越好！因為從成本的角度，水比麵粉便宜，
吸水量越高，麵包成本越低，一樣的麵粉可以製作產出更多的麵
包，同時延長麵包的保存期，烤出來口感也不會太乾。兼顧成本
和品質是老闆的最愛，所以麵包師傅在尋找適用的麵粉時，吸水
率是很重要的指標。

影響麵粉吸水率主要因素有四：蛋白質含量、破損澱粉、非
澱粉類多醣（主要是纖維素）以及麵粉本身的濕度。其中蛋白質
含量越高，吸水率越高，可以達到1：2的狀態，也就是增加1%的

蛋白質，會增加2%的吸水率。破損澱粉的吸水率可以達到完整澱粉粒的2到3倍，然而破損澱粉雖然可以增加吸水率，但是在烤焙過程及出爐後常溫保存時都容易流失水分，造成乾澀的口感，使保存期縮短。

因此，當我們購買到吸水力很強的麵粉，我們需要仔細去了解麵粉研磨方式和有無其他添加物以及破損澱粉的含量，我們固然期待吸水率高的麵粉，能使產出數量增加，符合經濟效益，相對的，我們更希望麵包的品質好，同時保存時間較長。

攪拌麵糰時，水量超過最大吸水量時麵糰不容易攪拌成形而

拖鞋麵糰

成糊狀，很難操作。通常攪拌麵糰時，麵粉和水量的比例，我們會設定在65%上下，這是一個很安全的比例。有些麵包例如拖鞋（Ciabatta）、哈斯提克（Rustic）、法國長棍麵包（Baguette）等等，我們會把水量提升到75%以上，當然麵糰操作難度相對較高，但麵包的品質會更好。

4、蛋白質含量與麵筋

就小麥而言，蛋白質的含量代表麵粉的筋度。因為小麥蛋白質中的麥穀蛋白（Glutenin）和醇溶蛋白（Gliadin），相互黏聚在一起形成麵筋。蛋白質含量是小麥麵粉非常重要的指標，小麥蛋白質佔麵粉重量比例的8-13%之間。臺灣CNS的標準8.5%以下稱為低筋，8.5%以上稱為中筋，11.5%以上稱為高筋，特高筋在12.6%到13.5%之間。我們一般在市場上買到的麵粉，高筋大約在13%，中筋大約在10%左右，低筋在8.7%左右。進口的法國麵包粉不一定是法國生產的。用來做法國長棍麵包（Baguette）的麵粉，蛋白質含量大約都落在10%到11%左右，日本、美加、法國不同產地的法國麵包粉蛋白質含量都不太一樣。

小麥蛋白質裡的麥醇溶蛋白（Gliadin）和麥穀蛋白（Glutenin），這兩種蛋白質含量的多寡決定麵筋的強度。有些麥種例如裸麥、斯貝爾特缺乏這些元素，就無法形成麵筋（Gluten Free）。所以大部份的小麥麵粉袋上面都會標示蛋白質的含量，含量越高筋度越強，但也有例外，就是蛋白質含量不高，但用人工添加物的方式，使筋性加強。

有些過敏體質的人會對麥子裡特定的成份過敏，例如對於麵筋蛋白過敏就必須食用沒有麵筋的麵粉，就是一般常常聽到的無麩質麵粉，例如斯貝爾特。但這是一個很難解的問題，因為沒有麵筋形成，就無法形成氣孔與薄膜，就像房子沒有鋼筋和牆壁一

樣，很難支撐房子，麵包會變得扁扁塌塌的，而且很緊實，操作也很困難，因為麵糰會變得很黏手；因此，使用百分之百的斯貝爾特麵粉或是裸麥粉需要克服許多困難。

5、濕度（Moisture）

前面提到濕度和麵粉的保存時間有關，麵粉濕度越高越不容易保存，尤其是全麥粉，很容易長蟲，因此製造廠商會把需要長距離配送的麵粉降低濕度。在地新鮮的麵粉配送距離短，含水量可以較高。前者在13%左右，在地新鮮麵粉有時會高達15%左右，高於16%麵粉的保存期會縮短，如果使用新鮮在地麵粉的濕度是15%的含水量，因為它比一般麵粉多了2%，這對於麵包師傅而言會有2%的水量差，也就是說使用濕度15%的麵粉攪拌時，水量要減少麵粉總重的2%。

6、灰份

麵粉在600℃以上高溫燃燒後剩餘的灰份，主要的成份包括硫酸鹽、磷酸鹽、鈣、鉀的氧化物，灰份的多寡代表小麥的產地不同、含有不同的礦物質、不同的風味與營養。灰份越低越接近白麵粉，例如常見的T45、T55、T65代表灰份含量分別在0.45%、0.55%、0.65%，在德國的編號是Type450、Type550、Type650；至於全麥粉的灰份值大約在1.7%到1.8%，如果用德國的編號是Type1700、Type1800，但是全麥粉一般比較少用這些編號，大部份直接叫做全麥粉或是全粒粉。灰份越低的麵粉越精緻，萃取率也越低。

7、沉降值（Falling number）

這是在一個特別的儀器裡做試驗，用來觀察麵粉裡的澱粉酶

數量多寡。不同的麵粉在攪拌糊化之後，麵粉裡的澱粉酶開始運作，澱粉酶越多，澱粉被裂解成單醣的速度越快，麵糊的黏稠度越低。這個儀器的攪拌器（Plunger）落到底部所需要的時間就越短，一般在55秒到400秒之間，我們就把這個時間稱為沉降值。例如掉落的時間是240秒，我們就說這個麵粉的沉降值是240，時間越短，代表澱粉酶的活性越大，能迅速把澱粉裂解成更多單醣，提供發酵過程所需，麵糰發酵速度也會越快。一般製作麵包的麵粉沉降值在220到280之間是正常的數值，沉降值太大代表澱粉酶活性太弱，低於200則代表澱粉酶活性太大，麵糰發酵膨脹狀況都會較差。很多麵粉出廠時會添加澱粉酶和維他命C，前者可以用來校正沉降值，後者可以用來調節氧化的程度。

簡易沉降值測試

8、法林諾圖（Fairinograph）

法林諾圖是麵粉測試儀器中最普遍使用的設備，設備裡用一個攪拌室（small mixing chamber）和兩支攪拌臂（mixing arms），將麵糰攪拌的過程製作成法林諾圖，縱軸是黏稠度，橫軸是時間以分鐘為單位，主要目的有二，其一為判斷攪拌麵糰使黏稠度達到最高所需要的時間，時間越短代表麵糰在很短的時間就能完全把水吸收進去。其二是以判斷多久時間會攪拌過頭使黏稠度下降，這個時間越長代表麵粉越穩定，時間太短代表很容易不小心就打過頭了。

9、破損澱粉（Damage starch）

產生破損澱粉主要的因素有二，其一是麥子的品種，另外一個因素是在研磨過程產生的。破損澱粉使麵粉的吸水率升高，最高可以高達2到4倍，同時加速 α 澱粉酶裂解速度，造成沉降值變小，麵糰變得沒有力氣，影響烘焙彈性，麵包下塌賣相不好。冬麥的破損比率大約在6%到9%，春麥的破損比率在7%到10%都是可以接受的範圍。結論是：破損澱粉最佳比例在4.5%到8%之間，過高的破損澱粉比率，影響到吸水量升高及麵糰的張力降低和延展性變大，麵包會扁扁的。

10、泡泡圖（Alveograph）：W和P／L值

1920年，法國蕭邦（Chopin）所提出來麵粉品質的測試技術，目前已經在歐洲、美國、中東、以及南美洲廣泛的被運用，當初的設計是為了比較歐洲的硬白麥和美洲硬紅春麥之間的差異。因為歐洲的麵粉比較起來相對的柔軟、低蛋白質。硬紅春麥和硬白春麥所磨成的麵粉，其破損澱粉含量和吸水率有所不同。沉降值是針對測量澱粉酵素（Amylase，澱粉酶），而泡泡圖

（Alveograph）是針對蛋白質含量設計的。泡泡圖就是把麵粉加水攪拌以後，吹起讓它膨脹，像吹氣球一樣。

・P：代表泡泡吹到斷裂所需要的最大力量。

・L：代表泡泡吹到斷裂所需要的時間。

・W：曲線下的面積，代表吹泡泡期間所作的功（能量，焦耳）

・P／L：兩者的比值。

1：P值和L值都很高，代表承受力高，延展性好適合做麵包。

2：P值低L值高，代表容易斷裂，但是延展性好，適合做司康（Scone）等餅類。

3：P值低L值也低，代表容易斷裂、延展性也很差。

泡泡圖

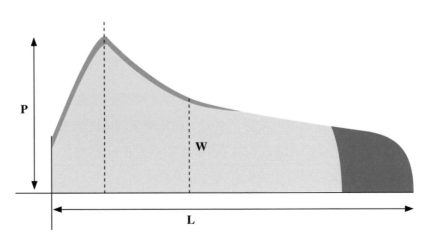

麵粉添加物

　　工業化大量生產麵包增加了物流和倉儲的成本，同時增加行銷、管理的費用，因此，一方面透過各種手段提升營業額，另一方面嚴格控制生產成本和耗損。為了提升營業額，對於店面的裝潢、燈光、招牌等形象設計投入大量的裝修費用，還有公關行銷文宣交際等費用。如果裝潢費用是180萬台幣，3年內分攤完，每個月必須攤提5萬元折舊費用，這些都必須分攤到每一個麵包的間接費用裡。每天如果銷售500個麵包，每個麵包需分攤3元多的成本，因此不容許直接材料以及人工成本過高，也不容許庫存損失太多。

　　賣得多、賣得快、耗損少、配送遠是麵包店企業化很重要的訴求。

　　為了改善產品賣相、產品操作性、產品穩定性、產品容易保存、降低產品成本、簡化產品製程，可以長途配送，各種不同目的的麵粉添加物（Flour Treatment Agent）或稱為改良劑（Improver）應運而生，並且在各方的運作下成為製作麵包合法的添加物。

1、氧化劑（Oxidizing Agent）

　　氧化主要的功能是協助形成麵筋結構較強的麵糰，使麵包更有彈性。在麵粉中，維他命C（AA: Ascorbic Acid抗壞血酸），常被用在麵粉裡作為氧化劑，尤其在冷凍麵糰中扮演重要的角色。

2、還原劑（Reduction Agent）

利用破壞麵筋分子間的橋接網狀結構，讓麵糰變得柔軟，縮短攪拌時間、降低麵糰彈性、減少發酵時間、增進麵糰的操作性，特別是使用於糕餅類的麵糰，有還原劑的麵糰比較容易操作。

3、漂白劑（Bleaching Agent）

剛研磨出來的麵粉會有一些微黃，漂白劑可以使麵粉看起來白一些，賣相更好。

4、觸酶（Enzymes）

觸酶在天然的麵粉中已經存在，但是額外的添加，可以使酶的作用更加快速與完整，例如：添加澱粉酵素可以把澱粉分解成單醣，使發酵速度加快。古代沒有工業酵素，他們利用剛發芽的穀物、搗碎後低溫烘乾，混和到麵糰裡面，這很合乎現代科技，因為此時酵素最多。

5、乳化劑（Emulsifiers）

所謂乳化是指油水混和時產生油水分離的現象，透過乳化添加物使油水結合，產生穩定分佈的狀態。麵粉本身的結構、研磨過程、保存方式都可能造成一些問題，影響到最後製成麵包的品質，造成損失。

添加物的設計通常是為了改善這些缺點，歐盟把食品添加物整理編號並且公佈，這就是E-Number。

- E100–E199（colours 色素）
- E200–E299（preservatives 保存）
- E300–E399（antioxidants，acidity regulators 抗氧化，酸度調

節劑）

- E400–E499（thickeners，stabilizers，emulsifiers 增厚、穩定、乳化）
- E500–E599（acidity regulators，anti-caking agents 酸度調節劑、抗凍劑）
- E600–E699（flavour enhancers 風味劑）
- E700–E799（antibiotics 抗菌劑）
- E900–E999（ glazing agents and sweeteners 光澤劑和增甜劑）
- E1000–E1599（additional chemicals 其他化學添加物）

　　添加物一直是很受爭議的話題，卻因為具備法源基礎所以被合法使用，有些麵包師傅希望能避免使用人工添加物，但是現實中很難避免，購買來的麵粉、餡料裡或許都已經有了人工添加物。而與其一味排斥添加物，不如去了解添加物的功能和原理。回頭思考如何運用傳統古老的技術達到相同的目標，充分了解之後也許對於製作麵包更有幫助。例如，我們來看看為什麼麵粉裡面會需要添加氧化劑，所謂氧化就是把一個原子或是分子拿掉電子，或是送一個帶負電的分子和它結合。

　　在麵糰裡，氧化扮演的角色是增強麵糰的結構，麵粉裡蛋白質在內部和外部形成雙硫鍵，把分子和分子鏈結在一起，就形成麵筋。

　　發酵產生的二氧化碳被包在裡面無法溢出，受熱時膨脹形成氣孔組織，當蛋白質和澱粉固化之後，麵包內的孔洞組織就形成了。氧化劑就是用來協助麵糰加速形成強而有力的麵筋，使麵包具有良好的彈性。如拖鞋麵包，外形好看，吃起來不黏牙，加上氣體受熱膨脹，撐開麵糰形成薄膜，薄膜光亮細薄。我在製作

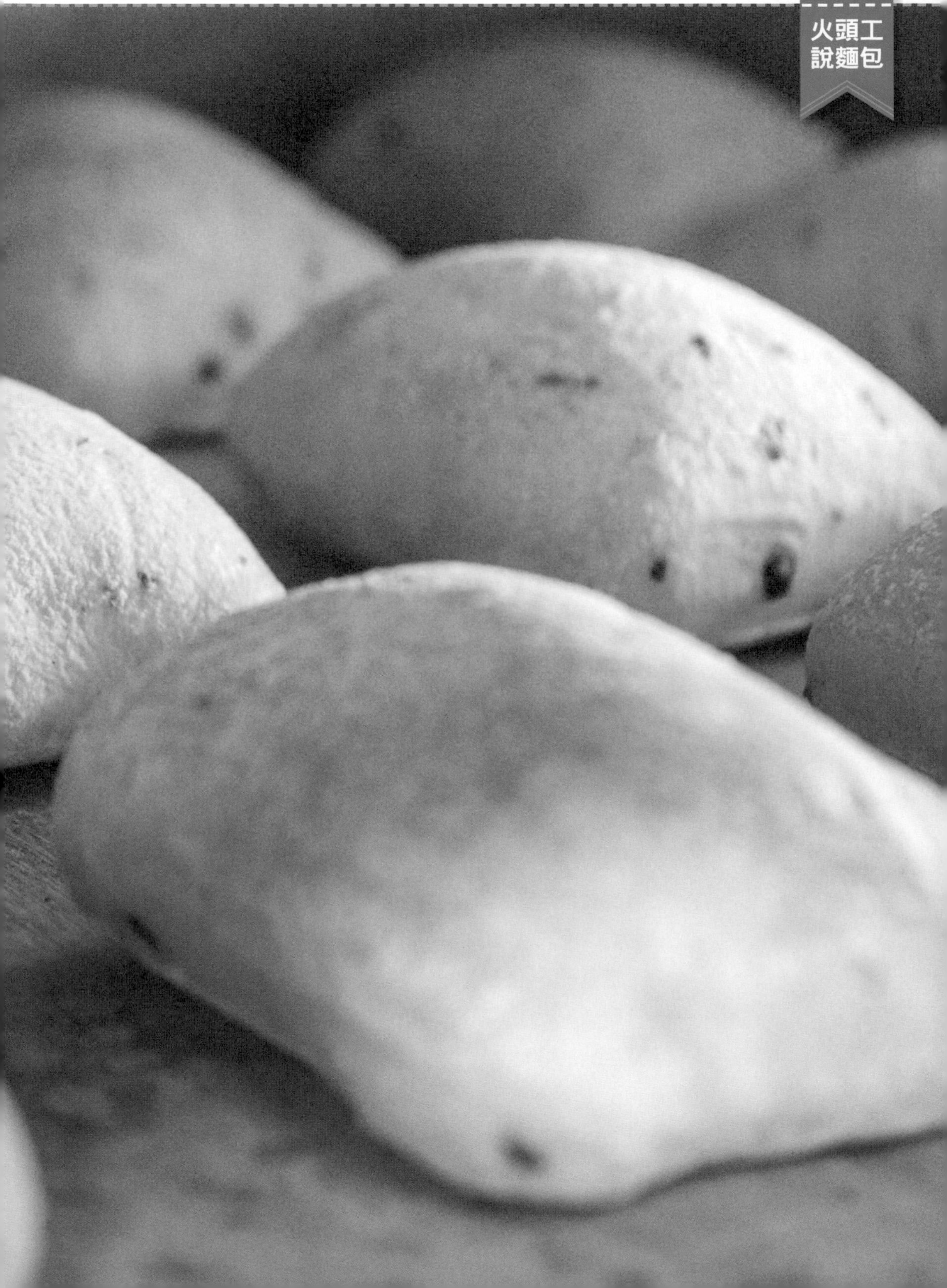

麵包的時候並沒有使用氧化劑，但是表皮和內部氣泡組織都很柔軟，用力往下按，會自然彈起，這是因為我使用低溫長時間自然發酵的方法製作麵包，但是這種方法的操作難度比較高，如果沒有專業師傅帶著你一步步製作，操作上並不容易，因此很多人會選擇使用氧化劑，便可以協助加速完成氧化作用讓麵筋形成，量化生產。麵筋主要由蛋白質雙硫鍵將分子之間緊緊鏈接起來，受熱時空氣膨脹形成薄膜。

很明顯的，形成雙硫鍵最重要的因素是讓帶有負電的兩邊，要有機會相遇。如果我們可以增加它們相遇的機會，就不需要使用添加物了嗎？讓雙硫鍵有機會接觸的最好方式就是把3D結構龐然大物的蛋白質，想辦法切割成比較小的單位，透過攪拌和翻麵，兩邊接觸的機會自然大幅提升。誰來切割蛋白質呢？當然是蛋白酶了，我們在攪拌的過程，如果可以稍微停一下，等候蛋白酶進行切割的動作，再進行攪拌，雙硫鍵形成的機會自然隨著這些動作反覆進行、不斷增加。但是時間越久溫度越高，造成許多原本不溶解的蛋白質分子因為溫度升高而糊化，也因為溫度升高，造成乳酸菌和醋酸菌活化，讓麵糰PH值下降酸度增加，形成麵糰特性改變。到這裡我們就可以了解到添加氧化劑的主要目的在於加快麵筋的形成。

氧化劑的功能在此，如果我們可以找到如何不依賴氧化劑，卻能達到氧化劑的效果，那麼解決方案就出來了。我們可以採用這樣的思維模式深入了解，找到一個不需要添加物的方法：低溫攪拌，低溫長時間自然發酵、增加翻麵次數。低溫攪拌排除了溶解的問題。一般加了氧化劑攪拌，離缸溫度可以在25℃以上，對於不使用氧化劑而言這個溫度太高了。我們在攪拌時先放入足夠的冰塊，用慢速攪拌，減緩溫度上升，同時加入檸檬汁，把離缸溫度控制在22℃以下。攪拌時，停頓15分鐘以上再繼續攪拌，讓

蛋白酶有足夠的時間切割蛋白質。發酵溫度控制在25℃以下，避免乳酸菌、醋酸菌過份運作，攪拌後並多做幾次拉和折的翻麵動作，自然增加雙硫鍵形成的機率。

採用低溫長時間自然發酵方式，可以得到品質更高的產品，更接近自然，但是工序複雜繁瑣，對師傅的要求更是從「精準」提升到「態度」，製作麵包的過程，麵包師傅的態度決定了一切。培養一位麵包職人，路程遙遠，在安全的範圍內，氧化劑適時協助麵包業者解決麵糰的問題，並降低對師傅的依賴性。從這個角度看來沒有必要把氧化劑看成罪大惡極的邪門歪道。在量化生產的過程，工序需要標準化，氧化劑解決了這些問題，目前市面上用於麵粉裡的氧化劑主要以合於食安的抗壞血酸（維他命C）為主，並沒有什麼太大的爭議。

對於人工添加物，我的態度比較傾向於去了解它，去思考麵糰沒有它如何做得更好，更天然，而不是排斥它。有那麼多學者專家以及專業生產添加物的廠商，用嚴謹的態度生產這些東西，必然有他們的道理和市場的需求。這些大廠的人力資源和設備對於食安問題的考慮，也必然比一個麵包店更具有實力。我個人選擇不使用它、但不排斥它，並且深入學習它的優點，了解它存在的原因，同時回頭檢視自己的麵糰，思考如何在不使用添加物的前提下，也可以達到相同的效果。

鹽是個重要角色

鹽的成份主要由鈉正離子Na+和氯負離子Cl–組成NaCl，形成強力的鍵結的晶體結構。當鹽遇到水的時候，就分解成正負兩種離子，協助麵糰氧化、影響到麵糰的結構。鹽會減緩發酵的速度，因為鹽會阻礙水進入酵母，導致酵母產生脫水現象，同時，鹽也會阻擾酵母取得糖，在糖和水量都受到阻礙的時候，酵母數量減少，發酵的速度也跟著減緩。

所以攪拌的時候，一般會在麵糰成形之後才把鹽加進去，這就是我們常聽到的「後鹽法」。因為當麵糰攪拌成糰的時候，分子的流動性降低，此時才放入鹽，避免鹽先溶解在水裡面影響酵母的活動。鹽後放還有一個優點，鹽可以協助麵粉裡的蛋白質緊密地結合在一起，打麵糰的時候如果忘記放鹽，麵糰就會比較黏手。加入鹽之後麵糰的結構更強，彈性更好。

麵糰鹽量的標準，一般取麵粉重量的2%；使用不同地區的鹽，因為不同產地的鹽，氯化鈉含量不盡相同，從89%到99%都有，差異可以達到10%。所以麵包師傅需要自行調整配方，另外，現代強調低糖低油低鹽比較健康，這是因為現代人每天的活動量大幅降低，以前出門就是步行，現在出門就是搭乘交通工具，夏天吹冷氣少流汗……等等，所以對鹽分的需求降低，少油少鹽比較健康之下，製作麵包的鹽量也逐漸下修到1.6%至1.8%。

結論：

1：後鹽法，攪拌麵糰的時候，鹽後放，避免抑制酵母活力。

2：鹽可以增強麵糰的結構與彈性。

3：鹽量的標準在1.6%到2%上下。

麵包師傅計算配方比例的方法

烘焙師傅計算配方是以所有麵粉總重量為一個單位（100%），例如下面表格中的基本配方，麵粉500克，我們的烘焙比例先設定為100%：

水330克的烘焙比例=330/500×100%=66.00%

鹽10克的烘焙比例=10/500×100%=2.00%

酵母1克的烘焙比例=1/500×100%=0.20%

烘焙比例合計值= 100%+66.00%+2.00%+0.20%=168.20%

並且，考慮人員作業方便為前提，在現場作業會以計劃生產數量逆推回材料數量。以生產50個每個80克的餐包為例，我們生產50個餐包、每個80克總共需要4000克的麵團。首先計算麵粉的需求量：麵粉的需求量=4000/1.6820=2378克，麵粉數量計算出來之後就方便了。水量=2378×66%=1570克，鹽量=2378×2%=47.56克（約抓48克），酵母量=2378×0.2%=4.756克（約抓5克），微量誤差可以忽略。

烘焙比例表

材料名稱	基本配方	烘焙比例	生產50個每個80克
麵粉	500.00	100.00%	2378
水	330.00	66.00%	1570
鹽	10.00	2.00%	48
酵母	1.00	0.20%	5
合計	841.00	168.20%	約4000克

單位：克

這個配方可以清楚的看到每一個材料和麵粉的比例，並且可以計算出我們生產80個所需要的材料數量。

但是當我們使用老麵替代商業酵母，例如使用30%粉水比例為1：1的液種（老麵）替代商業酵母。

老麵數量=500×30%=150克

麵糰裡水和粉各一半，所以水量和粉量都是75克

麵粉量修改後=500-75=425克

水量修改後=330-75=255克

以425克的粉為100%，水量的烘焙比例就變255／425×100%=60.00%

鹽量的烘焙比例變為10/425×100%=2.35%

老麵的烘焙比例變為150/425×100%=35.29%

合計197.64%

事實上，總粉量、水量和鹽量都沒有改變，但是烘焙比例變了，所以會有鹽量偏高的錯覺。

如何將商業酵母配方改為老麵配方

材料名稱	商業酵母配方	烘焙比例	30%老麵配方	30%老麵烘焙比例
麵粉	500	100.00%	425	100.00%
水	330	66.00%	255	60.00%
鹽	10	2.00%	10	2.35%
酵母	1	0.20%		
粉水比例1：1老麵			150	35.29%
合計	841	168.20%	840	197.65%

單位：克

各國的特色麵包

土耳其的麵包

　　談到世界各國的特色麵包，第一個要談到的是土耳其麵包。
土耳其是一個文化悠久的國度，擁有悠久的歷史、鄂圖曼帝國的
風光，位於絲路的終點、東西方的交界，這個族群多元的兵家必

爭之地，既接受東方的米食又發展出西方的麵包。1096年到1291年，十字軍東征這場戰役前後長達200年，戰爭期間來自歐洲的天主教徒會在麵包上面畫上十字，做為宗教祈福的印記。

於是聰明的回教國家這一邊也發展出一種麵包，流傳至今，

右　土耳其環狀麵
　　包
左　我們的潤餅
　　應該拿出來跟
　　土耳其麵餅
　　（Lavash）PK一
　　下
下　土耳其披薩

臺灣的刈包和潤餅
圖／陳玉琴

即土耳其人早餐少不了的土耳其環狀麵包（Simit），看看它的形狀，就可以了解到這一段歷史情仇。這麵包中間是空的，外頭是捲的，你要畫在哪裡呢？很有趣的土耳其式幽默！只是沒想到這玩意兒改一改後來變成了貝果，行銷全世界，商機很大！土耳其人對於他們的麵包很驕傲，他們認為西方很多麵包其實是在土耳其系列的麵包裡找到靈感，例如：土耳其披薩（Pide），土耳其人常說義大利人的披薩（Pizza）是從土耳其流傳出去的。

土耳其餅後來也延伸出很多種各國的口袋餅，我們的刈包也不差，可以拿比一比

義大利的麵包

　　到了義大利，麵包變得特別浪漫。十五世紀義大利米蘭的貴族費爾柯納（Falconer Ughetto Atellan）愛上了麵包師傅東尼（Toni）的女兒安達姬薩（Adalgisa），騙說自己愛做麵包混到他們家去當學徒。他把麵粉、老麵、葡萄乾、蜜漬檸檬和橘皮丁混在一起亂打一通，他不會滾圓整形，把一坨麵糰就丟到圓柱形的模具裡，放進烤箱烤。結果這個麵包大賣，大家也不知道這個麵包叫什麼名稱，只流傳Toni家有一種非常好吃的麵包（Pan de Toni），流傳至今叫做潘娜朵妮（Panettone），意思就是「Toni家

飛龍麵包

的麵包」。

　　故事結局很圓滿，米蘭公爵盧多維科（Ludovico il Moro Sforza，1452–1508）被他們的愛情感動，特別允許他們的貴族和平民婚姻，達文西（Leonardo da Vinci）也列席參加婚禮，後來潘娜朵妮麵包成為米蘭地區的特產，每年聖誕節的時候行銷全世界。從歷史的角度看來，麵包不需要花樣太多，只要是好產品可以行銷數百年。

　　義大利有名的麵包很多，流行全世界的還有一個「拖鞋麵包」（Ciabatta）。拖鞋麵包在1976年由維洛娜地區的麵包師傅法瑪婁（Favaron Francesco）製作出來，因為麵包做出來的形狀是長方形，他聯想到他美麗的妻子安德莉納（Andreina）的鞋子，所以命名為Ciabatta，翻譯成中英文就是Slipper（拖鞋）的意思。

　　義大利的飛龍麵包（Filone）也是膾炙人口，Filone意思是「直線」，這是義大利很普遍的麵包，義大利人會說法國的長棍麵包（Baguette）是從他們的飛龍麵得到靈感的。

中國的蒸氣麵包——饅頭

　　古埃及文明比華夏文明早了一千年左右；誰傳承誰，誰是誰的血統來源，以民族發展史的角度看這個問題比較複雜，誰都不願意承認自己的祖先來自另外一個不相干的國度；這個討論會有點頭疼，交互影響更是必然。中國大陸已經發現不少金字塔的建築，春秋戰國時代把民生糧食歸納成五個重要農產品「稻黍稷麥菽」；麥子已經在列，早在夏朝時代已經記載杜康釀酒，後來曹操引用這個典故寫下「何以解憂，唯有杜康」的詩句，代表夏朝的先民已經掌握發酵的技術。

　　不同的是，西方利用這門技術發展麵包和麵食，東方則發

展被稱為蒸氣麵包的饅頭、包子；這段歷史要回溯麥子如何到東方，因為麵粉由麥子磨出，只要追隨考古學者、循著麥子的移動路線，就可以找到每個區域麵包的來源。目前已經確認小麥是由新月沃土南方的埃及開始，然後往北邊移動，經由迦南平原、兩河流域傳入歐洲；另外一路則翻越喜馬拉雅山進入東方的中國北方，往東進入北邊的韓國、日本，往南跨越黃河、長江達到中國大陸南方，最後抵達臺灣。西方人把饅頭稱為蒸氣麵包（Steaming Bread），歸類為麵包的一種。西方與東方的麵包發酵原理一樣，西方用烤爐，我們用蒸籠，而臺灣承襲東西方的傳統，饅頭源自於大陸，麵包主要是來自日本和歐洲兩個系統。

在中國，被稱為蒸氣麵包的饅頭的故事是來自西元225年時，諸葛亮率軍南渡征討孟獲。大軍在渡江之前，風雨大作，當地的人說必須用人頭祭祀河神。諸葛亮不願意用人命來祭祀，所以命令廚師用白麵裹肉蒸熟，代替人頭投入江中。諸葛亮把它取名「瞞頭」，意思是欺騙河神的假頭。另一說，命名為「蠻頭」指的是蠻人的頭，後來才叫做饅頭，這個產品前後流傳了1900年，到現在街頭巷尾還買得到。饅頭系列的產品很多，從西安的饃饃到山東的槓子頭都是這一類的麵包，還衍生出包子系列的產品。

臺南新營希味工坊的饅頭──蒸氣麵包

法國的麵包

　　來到法國，少不了要談到法國長棍麵包（Baguette）。這款麵包歷史不久，大約追溯到1920年代，才有文獻記載。法國擁有包容力很強的多元文化，麵包更是受到周邊幾個古老文明的影響。Baguette這個名稱源自於義大利文Bacchetta（Wand，魔杖），所以有時候我們會把法國長棍麵包叫做「法國魔杖麵包」，長條型的形狀則受到飛龍麵包的啟發。這些年來大都是用接近白麵粉的T55或T65來製造，有些工藝麵包師會在裡頭加入裸麥、杜蘭麥或是斯貝爾特小麥。

在法國還有一款聞名全世界的米琪（Miche）麵包，名店普瓦蘭就以生產這款麵包聞名。Miche就是大的圓麵包（a large round loaf），屬於一般鄉下家庭的麵包，我們又稱為「鄉村麵包」（Pain de Campagne）。

德國和俄羅斯的黑麥麵包

到了德國和俄羅斯，因為當地盛產裸麥，裸麥又叫做黑麥，所以黑麥麵包大為流行。德國就有一款麵包Pumpernikel，這是很傳統的麵包，在德國非常普遍，處處買得到。1813年拿破崙佔領德國的時候，就有人拿這款麵包給他，正好拿破崙的愛馬名字就叫作Nikel，看來拿破崙不是很欣賞這款黑麥麵包，因為他故意把 Pumpernikel唸成C'est du pain pour Nickel（給我的馬Nikel吃的麵包），標準的瑜亮情結。

猶太人的麵包

猶太人在星期五太陽下山以後和假日，餐桌上必備的麵包是辮子麵包（Challah），名稱來自聖經出埃及記，形狀是交叉的辮子，所以有時候會叫它「猶太辮子麵包」。鷹嘴豆泥常用來搭配這款麵包，按照聖經上的記載，這款麵包那時候是蘸蜂蜜吃的。

　　製作辮子麵包的主要材料是「蛋」、「糖」、「白麵粉」、
「鹽」、「水」。有時候糖會改用蜂蜜或糖蜜（Molasses）。辮
子的形狀象徵猶太人團結的個性，這款麵包在教堂裡經常放在銀
器上，屬於宗教儀式的一部份。

黑龍江省的特色麵包——大列巴

黑麵包從俄羅斯傳到中國東北的黑龍江省，就叫做「列巴」，列巴這兩個字源自於俄文的 хлеб，是音譯的。以哈爾濱的秋林公司生產的「大列巴」最有名。

日式和臺式麵包

日本關於麵包的記載可以追溯到十七世紀安土桃山時代；當時葡萄牙人把麵包帶到日本，而葡萄牙文的麵包叫做Pan，日本人按照發音把麵包叫做パン，臺灣早期的麵包主要都是受到日本影響，所以也跟著把麵包叫做「胖」。

日本麵包雖然源自於歐洲，但是多年來已經融入日本的特色，形成獨特的系統；特別在加料麵包（enrich bread）這個領域，紅豆、肉鬆、蔥花……等等可以加的都加進去，成了貨真價實的「胖麵包」。而臺灣早期受到日本的影響很大，發展出的麵包產業大都以日系麵包為主，直到近幾年才跨越日本、引進歐式麵包，並且整合日系麵包的特色，發展出軟式的歐洲麵包。隨著食安風暴，越來越多的麵包師傅，跨越時空追尋更古老的老麵技術，回歸到原始簡單自然而豐富的傳統麵包製作方式。這一塊領域，隨著消費者的覺醒，市場正逐漸擴大，投入的麵包師傅也越來越多。但是，在臺灣根深蒂固的日式麵包仍然是主流產品，並且被定位為早餐、宵夜或是填飽肚子的點心，至今還上不了午、晚餐的餐桌。

麵包不是東方人的主食，因此麵包進入東方先由早餐的餐桌和點心開始，發展出一系列的包餡麵包，成為東方麵包的特色。

麵包原本很單純，充滿簡單而豐富的麥香，後來加上了奶油、餡料，逐漸失去古老的風味，取而代之的是流行文化，也許陽春白雪和下里巴人的情結千古以來都存在，只是在不同的時空、不同的情境下說相同的故事。

工藝麵包師和社區麵包店

　　水、鹽、麵粉、老麵，單純的四個元素，簡單而豐富。越來越多的麵包師傅回頭尋找古老的麥香，把祖先的麵糰融入現代的生活中，完全不用添加物只接受商業酵母；有些更前衛的師傅甚至完全排除商業酵母，這群人都不是檯面上的主流，但是他們默默的耕耘，傳承麵包職人的精神。我們把這一類的麵包師傅稱為工藝麵包師（Artisan Baker），他們所做的麵包被稱為工藝麵包（Artisan Bread）。

　　來自工藝麵包師傅的麵包，只有水、鹽、麵粉、老麵四個單純的元素，每當產品出爐的時候，空氣中飄蕩著濃濃的麥香，常令我陶醉不已。常有人問我是什麼動力讓我十年來在烤箱邊上，日復一日的度過。我說：「每天看到圓滾滾的麵糰變成簡單而豐富的麵包，再怎麼辛苦都無怨無悔。每個晚上都對第二天充滿了期待，我希望我離開人間的最後一天是手握著出爐鏟，在麥香中平和的離開，然後在另外一個世界還是繼續擔任麵包師。」

　　為什麼單純的四個元素能有那麼豐厚的世界呢？麥子種類很多，磨成麵粉以後更多，看編號就眼花繚亂了。水有各種不同的的硬度，每個海域的鹽風味都不同，最後，老麵的背後是自然界中的酵母菌，個個有不同的產氣量（酵母發酵產生二氧化碳和酒精等物質）和風味。這四個元素光排列組合就可以玩一輩子了，還不包括形狀、氣孔和表皮組織。如果再算糖、橄欖油、奶油、內餡材料，估計三輩子的時間都玩不完。

　　然而工業化量產的麵包逐漸佔據市場，他們以大量的資金投入行銷、裝潢、設備、人力，尋找動人的故事與市場策略，使消費者趨之若鶩。多年前世界各地工藝麵包師傅就都面臨了共同

社區麵包店把農民、麵包店和消費者直接連結,從產地到餐桌的碳足跡距離最短,唐·格拉根據麵包店的需求,結合當地農民和磨麥工廠,直接把當地的麥子製作成麵粉,在美國農業部的支持下,各地紛紛成立小農市集,並通過法案使唐·格拉在學校和小農市集可以合法銷售他以在地食材製作的麵包

問題:工藝麵包的市場需求逐漸衰退,消費者在大量廣告文宣的夾攻下,已經失去對市場的判斷力。工藝麵包師傅無法達到最小經濟規模很難生存,大都捨棄大眾市場,走向小眾市場的營運模式。

更極端的精緻路線,用自然健康的原物料和製程,區隔工業化的市場,但這一條路很辛苦。為了避開麵粉被添加人工添加物,有些工藝麵包師選擇自己磨製麵粉;為了縮短碳足跡,選擇在地農產品,不使用添加物製作麵包,工序複雜,每一個環節都必須謹慎小心。因此他們很難找到理念相同的工作夥伴,大都親力親為,從生產到行銷,一手包辦;加上這群堅持的工藝麵包師又不願意在材料和製程上降低成本,因此大都離開都會區,選擇

成本較為低廉的郊區，仰賴一群社群支持他們的存在，形成特定社群支持的社區麵包店（Community Supported Bakery，CSB）。

　　工藝麵包店可以生存下來有三個重要的因素，第一是他們對麵包的堅持，回歸到古老的麥香，用最自然的食材與方法製作麵包。其次是他們樂於分享，和客群分享他們的材料、製作過程和懷抱的理想，也和其他工藝麵包師共同分享交流，精進技術。第三是融入在地農業經濟，尋找認真的在地農友，取得自然栽種的健康食材。

　　這些年全世界各地不斷爆發食安風暴，消費者逐漸覺醒，工藝麵包越來越被消費者認同，支持工藝麵包師的社群漸漸壯大，形成一股新的力量。透過工藝麵包師麵包、分享、在地農業三個元素的努力，產生了社群支持麵包店，以實體社區或是網路社群，支持一家CSB社區麵包店的存在。美國亞利桑那州著名社區麵包店Barrio Bread，就是由麵包師傅唐·格拉設立，他曾經和亞利桑那州立大學教授馬修·馬爾斯（Dr. Mathew Mars）在2015年8月來臺，把CSB社區麵包店的理念介紹給臺灣烘焙界的朋友，正是所謂的麵包無邊界（Bread without Borders）。

窯烤麵包

古代沒有電烤箱，製作麵包必須先建造一座麵包窯。用黏土塑造的稱為土窯（Clay Oven）；用磚頭塑造的，稱為磚窯；用石頭堆砌的稱為石窯，然而絕大部份的窯都是燃燒木頭生火，所以一般通稱為柴燒窯（Wood-Fired Oven）。如果以建造的形式來區分，柴燒窯可以分為白窯和黑窯兩種。

黑窯是在窯腔生火。溫度達到時，將餘燼從窯腔底部預留

新加坡工藝麵包師
William

的孔洞推出，掉落在孔洞下面的盒子裡，這個動作叫做退炭。熱從溫度低的地方往溫度高的地方流動，因此，火在窯腔內進行對流，煙囪設計在窯門前側，熱流在窯腔內部，熱交換距離是窯腔深度的兩倍，因為是在窯腔生火，腔內有灰燼，所以稱為黑窯。

白窯的設計是炭火在窯腔的下方燃燒，火舌透過窯腔底部靠近爐門的孔洞竄上來，使窯腔的溫度升高，煙囪在窯腔的後方，熱和窯壁交換的距離等於窯的深度。因為沒有直接在窯腔內升溫，所以窯內是乾淨的沒有煤灰，因此稱為白窯。

柴燒窯烤出來的麵包風味絕佳，保留了些微炭火煙燻的味道，同時爐溫均勻，可以烤出很完美的麵包。這是電窯很難做到的，也是每一位工藝麵包師傅都想要擁有一座柴燒窯的原因。

頁岩氣（Shale Gas）革命
帶來的衝擊

　　頁岩氣革命，起因於採礦技術的提升。頁岩氣與傳統能源不同，並非像石油一樣，鑽孔就可以自然噴出，而且地層較深，必需靠高壓的方式把油氣由較深的頁岩層中釋出。目前這方面的技術已經突破，並大量開採，頁岩氣的出現造成傳統然市場發生巨大的變化，在美國，生質油的市場開始消退。生質油主要來自於用玉米澱粉發酵產生的酒精，添加在石油之中，需求量下降後，栽種玉米的農田面積大量減少，不斷釋出，回歸到以往小農多元化產品主導的市場經濟模式。

　　區域性的農產品支持區域性的在地烘焙，做出在地的特色產品。小農經濟和量化規模經濟最大的差異點在於保存期限和配送距離，小農經濟主導的市場主要採用在地食材，單一小農只需要幾家麵包店契作生產，不需要大量庫存空間與使用人工添加物延長保存時間和長途配送。例如：大量生產的美洲小麥運到亞洲

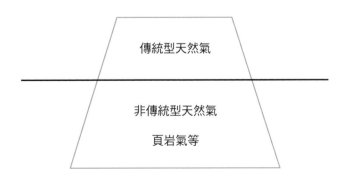

傳統型天然氣

非傳統型天然氣

頁岩氣等

國家，下船後磨成麵粉，分裝配送到經銷商、最後到達消費者手中，可能需要長達半年以上的時間。廠商考慮到這段漫長的距離，生物、物理、化學等等可能發生的變化，因而必須借助於現代科技，做適當的處理。小農經濟沒有這些問題，產地到餐桌的距離和時間都很短，因此不需要額外的處理動作或添加物，所以可以回歸到古老的生產技術，健康、自然、豐富。

在這一波頁岩氣革命的過程中，社區麵包店跨越層層的經銷體系，直接向小農購買穀物做成麵包，送達消費者的餐桌

食育（Food & Nutrition Education）必須由政府和民間一起努力，從孩童教育開始

孩童成長過程中，很自然接受這些大量人工添加物的產品，味覺被添加物強烈的芳香氣味給模糊掉了，就像溫潤的天然香草淡而優雅的風味被香草精替代了，孩子吃到真正的香草，反而覺得淡然無味。

我目前能想到的解決方案是請政府站在善意第三方的角度，積極輔導傳統業者並給予相關的協助以保留古老的技術，同時推行食育。

食育源起於法國，針對食物的天然風味和營養，從孩童時期就教育小孩，讓他們了解天然食物的味道和人工添加物的差別，回歸到自然。日本也相當重視食育的問題，稱為shokuiku，從中央到地方都鋪天蓋地的宣導進行。

食育必須由政府和民間雙方聯手努力才有成功的可能，因為唯有在食育推行單位存在的合理性不被質疑時，推行的效益才能呈現。

As a Community Supported Baker, I benefit from and provide collaboration with the local grain network, which includes scientists, farmers, millers and other food producers. My passion for education about healthy food and the baking process is applied to presentations, classes and training of other bakers. Additionally, I am able to bake for a group of customers who know and support my work and dedication to bringing them the best and most nutritious bread.

一個地區性的農作穀物網絡包括科學家、農民、磨坊工人及其他食品生產者。作為社區支持的麵包師，我受益於本區的農作穀物網絡，我也提供密切的合作。我對健康食品和烘焙教育的熱愛也應用到食品的展現藝術和烘焙訓練課程上。此外，我可以為一群了解並支持我的付出的客戶烘焙，帶給他們最好的，最有營養的麵包。

—— Don Guerra

Chapter 2

火頭工
做麵包

起種（Starter）的製作

　　所有工藝麵包師傅共同追求的方向，就是如何結合現代科技的優勢、遵循古老傳統製作麵包的工序，做出健康自然的麵包。在「做麵包」這個章節，我將逐步介紹製作麵包的材料與方法，這些都是靠著先民們累積幾萬年、一步步的摸索，才演變成一整套系統化的科學。

　　麵包成為工業化的產品之後，為了延長保存期、在短時間內可以大量複製、減少工序步驟、降低人力成本和材料成本，大量的人工添加物就出現在麵包裡、被我們吃進肚子；傳統製作的工法逐漸式微，直到一次又一次的食安風暴，我們才開始省思是否要回歸傳統。同樣的，這個現象也出現在各式各樣食物的領域，像是醬油、醃漬黃瓜、豆腐乳、饅頭、酸菜等等甚至釀酒，全都面臨挑戰。

　　先民們的實驗室是大自然，如果我們將先民們實驗幾萬年的智慧成果棄置不顧，相當可惜。於是，我想起《莊子》這本書裡的一則寓言，故事說地球上有東、西、南、北、中五個神仙，中神仙是一塊大石頭，東西南北四位神仙覺得中神仙沒有眼睛、鼻子、嘴巴、耳朵很可憐，於是他們帶了各種高科技的工具幫中神仙鑿出七竅，而故事的結局是中神仙「七孔流血而亡」。科技帶來的成果有時候和我們的期望正好相反，就像很多長期在無塵室、無菌室裡工作的人，反而成了令人擔心的一群；不過，如果我們完全排斥現代科技，也會失去許多可以採納的新技術，所以如何整合現代科技和古老的傳統工藝、立足先民的成果構築現代生活（ancient technology for modern life）就是我們可以努力的方向。

　　雖然商業酵母普及，但是以老麵製作麵包，幾千年以來仍然
屹立不搖，因此世界級的麵包比賽，通常都有一個地方特色麵包
的項目，老麵就是必然的評選項目。

　　起種（Starter，又稱為酵頭）是古代沒有商業酵母的時候，
被用來發酵老麵的重要材料。有了起種之後，接著只要每天餵
養，直到老麵發酵穩定、再拿去製作麵包，同時也留下一部份的
老麵繼續餵養，如此每天循環就不必再使用起種。起種只在第
一次或是老麵養壞而需要重新培養時才會使用，所以不是每天的
例行工作。起種的來源則可以區分為水果起種和穀物起種兩種方
式。

麵包製作流程

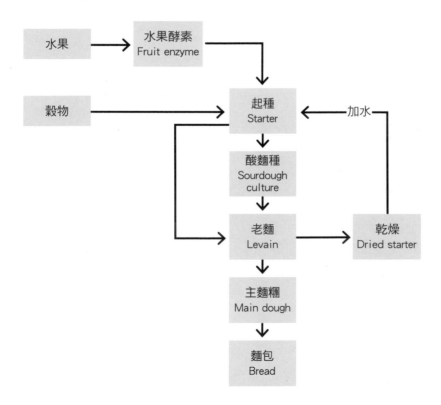

水果起種的製作

配方	葡萄乾300克、水900克、葡萄糖27克（3%選項）
室溫	25℃
容器	玻璃，高溫滅菌（150℃，15分鐘以上），冷卻後放入材料，罩上塑膠袋以橡皮筋綁緊。
時間	4到7天，每6小時搖晃一次。

　　酵母生存在水果或穀物的表皮裡，所以製作水果起種，葡萄乾是最常用的。按照此配方製作水果起種，必須等到葡萄乾全部浮到水面、同時又聽到清脆的聲音，塑膠袋也繃得很緊，打開時更可以聞到陣陣的酒香，水果起種才算完成。除了葡萄乾以外，只要是能連皮一起吃的水果，大多都可以使用這樣的方法取得水果起種，像是紅棗、枸杞子、芭樂、蘋果……等等，也能以同樣方式製作水果起種。

　　這種培養水果起種的方式在古代沒有任何實驗室設備的時候，就已經被採用了幾千年，那時沒有塑膠袋，用的是蓋子，用現代的角度來看，合乎微生物學的概念。因為酵母屬於兼性的單細胞真菌，兼具好氧和厭氧的特性，可以存活在有氧和無氧的環境；酵母在有氧的環境進行呼吸作用，在無氧的環境進行發酵作用，呼吸作用能夠產生較多的能量，而發酵作用產生二氧化碳和酒精。酵母的食物是葡萄糖，酵母在過程中會釋放各種酵素分解澱粉、蔗糖等多醣或雙醣。酵母通常採用出芽生殖的方式繁殖，只在特殊的狀態下進行減數分裂。所以，在培養酵母的初期，我們會提供少量的單醣加速酵母的繁殖，使它們有足夠的族群數量，縮短酵母菌成為優勢菌種所需的時間。

　　因此，我們罩上一個塑膠袋，保留一些氧氣，提供酵母進行呼吸作用，排出水和二氧化碳。隨著二氧化碳逐漸增多，酵母會在氧氣消耗殆盡的時候開始進行發酵作用，產生酒精和二氧化碳；當二氧化碳增加，氧氣減少，其他耗氧的菌種，例如黴菌，自然無法生存，這是一個簡單又合乎現代科學原理的一種方法。

　　無論是罩上塑膠袋，或是用瓶蓋蓋起來，兩種方式的功能是一樣的。當塑膠袋開始鼓脹，內部充滿二氧化碳，酵母因此與氧氣隔絕。而瓶蓋同樣可以讓瓶子裡充滿二氧化碳隔絕氧氣，但是要注意壓力太大瓶子會爆裂。

穀物起種的製作

　　穀物起種可以算是最古老的原始起種。古埃及的壁畫以及中國古代的文獻都有記載穀物起種的製作，用來釀酒和製作麵食。在25℃左右的氣候，培育穀物起種大約需要7天到10天，因為酵母在穀物的表皮裡，所以最好選擇萃取率高並且整粒研磨的穀物，例如裸麥全麥粉或是小麥全麥粉。

　　時間只是一個參考數字。當起種達到量杯的最高點，大約2.5倍高，接著開始下降就得攪拌。因為酵母不會游泳，一旦周遭食

配方與工序

第1天	全麥粉50克、水60克
合　計	110克，25℃，約24小時

第2天	丟掉60克前1天的麵糊、前1天麵糊50克、水60克、全麥粉50克
合　計	160克，25℃，約24小時

第3天	丟掉110克前1天的麵糊、前1天麵糊50克、水50克、全麥粉50克
合　計	150克，25℃，約24小時

第4天、第5天、第6天	重複第3天工作。

第7天	不再丟掉麵糰、前1天麵糊150克、水150克、全麥粉150克
合　計	450克，25℃，約12小時

物吃完，它無法移動，必須藉由我們的攪拌，才有機會接觸新的食物。每攪拌一次，起種膨脹的速度就會加快，當體積膨脹到原本二倍半的高度，必須再攪拌一次，直到麵糰不再膨脹，這時也代表酵母的食物已經吃完，需要再餵養新的食物。如此重複三次之後，酵母的數量足夠，就可以放進冷藏櫃，作為隔夜的老麵使用。

　　穀物起種和水果起種最大的差異在於穀物起種培養好了可以直接作為老麵開始使用，水果起種卻需要先培養在液體中，接著再把這些液體和麵粉混合才能培養出可以使用的老麵。原因在於穀物起種的酵母本來就生活在穀物的表皮上，水果起種的酵母是麵糰的新住民，屬於外來政權，如果本身沒有足夠的武力當後盾就會被消滅。所以事先培養在水中，使酵母的族群數量增加，同時產生足夠的酵素，一旦放入麵糰就能迅速攻城略地，成為麵糰裡的優勢菌種。

左　裸麥全麥粉起
　　種
右　小麥全麥粉起
　　種

酸麵糰起種的製作

　　酸麵種的製作原理就是利用酵母菌和乳酸菌的共存機制。當我們培養酵母成為優勢菌種的時候，乳酸菌因為食用酵母的殘骸得以和酵母並存，但是也和酵母競爭食物。乳酸菌在低溫時的族群數量不大，直到溫度升高，酵母死亡數量增加，乳酸菌才得以快速增加，排放乳酸使麵糰變酸。如果酵母菌的族群數量大幅減少，對麵糰的發酵不利，所以在培養的過程中，第一階段要設法使酵母菌的數量達到最大，再增加乳酸菌的族群數量，讓酸度升高、PH下降。麵糰裡酵母菌和乳酸菌的比例大約是1：100，一般完成時的PH值大約在3.8到4.2之間。

　　一般認為酸麵糰對人體有益。首先，整個發酵的過程沒有添加任何添加物加速澱粉裂解，所有過程都是自然發酵，所以血糖不會瞬間快速增加，這就是所謂的低升糖指數（Low GI）；酸麵糰裡乳酸菌的比例遠高於其他麵包，代表危險的「植酸」（Phytic acid）較少。並且由於發酵過程時間很長，代表蛋白質麵筋（Protein gluten）被分解成氨基酸，麵包更容易消化；對於小麥蛋白過敏的人，也有正向的幫助，此外，還會抑制黴菌的成長。

　　酸麵糰的製作方法有很多，最常用的是直接以整粒研磨的裸麥全麥粉製作，方法與穀物起種的製作的相同。溫度是很重要的因素，當溫度升高（高於28℃），乳酸菌開始活躍、酵母菌逐漸

測量酸麵糰起種的酸度

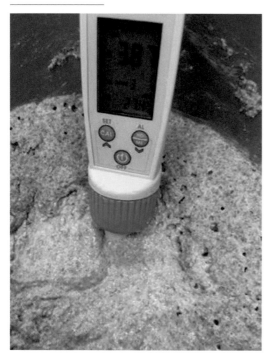

減少、乳酸增加、PH值下降。PH值越低代表麵糰越酸，PH值到底多少是最佳，並沒有一個最佳的數值，只能依照每一位麵包師傅的偏好決定，一般會在3.8左右，但是有些資料顯示，有的酸麵糰會低到3.5。

　　亞洲的麵包師傅在製作酸種麵包的時候都會面臨客人是否接受的問題。一來，亞洲人的主食不是麵包，二來，亞洲地區的麵包主要還是以日式和臺式為主流，工藝麵包師往往很浪漫的追求酸種麵包的技術，製作風味獨特的酸種麵包，卻很難被市場接受，最後通常以沮喪收場。我的麵包店開始製作酸種麵包的時候，也面臨相同的問題。我的方法是少量製作，不斷和客人分享，結果發現接受的程度越來越高；我的經驗告訴我，這個市場只會增加不會下降，可以堅持下去。

　　酸麵糰的起種一般可以分成三大類：養好的酸麵糰起種沒有經過任何處理或添加其他添加物，只做定時續種，我們稱這類型為第一類酸麵種（Sourdough type I）。酵母容忍的酸度在PH4到PH6之間，大部份酵母在低於PH4的情況裡，數量會減少，麵糰的發酵力量也降低。因此，尋找耐酸能力較強的酵母，加入第一類型的酸麵種，或是在打主麵糰的時候加入商業酵母，我們稱為第二類型酸麵種（Sourdough type II）。如果將第二類型的酸麵種在低於35℃條件下低溫乾燥，方便保存與攜帶，就成為第三類型的酸麵種（Sourdough type III），這已經成為工業化量產的產品。

　　前面談到三種類型的酸麵種都是活性的，酵母菌和乳酸菌並存在酸麵種中，成為製作麵包的起種。但是在商業上，前兩種類型都有保存的問題，也會受到溫度和環境的影響，因此，有些公司會把第三類型的酸麵種直接高溫乾燥處理。高溫使酵母和乳酸菌不再具有活力，因此不具備發酵的能力，在製作麵包的過程中作為風味添加劑，也就是說，發酵過程使用商業酵母發酵，最後

加入這種風味劑，使麵糰變酸，模擬酸種麵包的風味。

有些酵母公司從酸麵種分離出酵母菌和乳酸菌並且加以純化，再加上載體做成乾酵母的形態銷售。優點是酵母仍然是活性的，可以縮短酸麵種的製作時間。然而也因為酵母是活性的，保存環境和溫度必須嚴格控制，而且在酸麵糰製作的過程中，酵母發酵只是其中一個動作，所以增加酵母和乳酸菌數量，縮短發酵時間，確實可以達到一些酸麵糰的效果；但是卻也導致過程中很多動作沒有足夠的時間完成，例如澱粉酵素裂解澱粉的動作、蛋白酶裂解蛋白質的動作等等。

工藝麵包師傅製作酸麵種的方法

一般麵包師傅製作酸麵種的方法

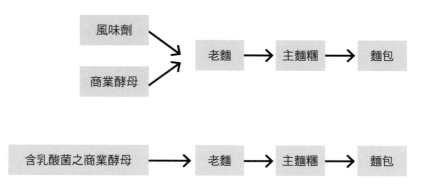

續種

　　一個滿意的起種耗時費工，所以很多工藝麵包師傅承先人的起種；這些起種可能已經傳承很多代，或是來自比較奇特的地方。我曾經聽一位外國朋友說他的起種具有將近百年的歷史，另外還有義大利的師傅宣稱他的酵母來自牛糞；有些不明白的人覺得很可笑，尤其酵母經過胃部的強酸之後怎麼可能繼續存在，事實上，這是可以理解的，因為很多人不曉得牛胃是中性的，和人類胃酸的結構不一樣。牛吃了穀物，排出無法消化的纖維和麩

皮，酵母菌依然存活著，從牛糞取得酵母原，用來製作起種並沒有違背生物化學的學理。

很多工藝麵包師傅都在尋求具有個人特色或地理特色的起種，好發展出自己的特色，例如用當地特殊的水果或穀物來培養起種。為了區隔市場，工藝麵包師傅相互之間會毫不保留分享技術和經驗；例如墨西哥的師傅到亞利桑那州學習，將技術帶回到墨西哥之後，可以用在墨西哥的在地農產品，並且培養具有墨西哥特色的起種，一來和亞利桑那州做出市場區隔，二來可以帶動在地農業經濟。

不論如何，一個獨特的起種是工藝麵包師傅追求的目標之一。起種終有用完的時候，從頭培養耗時費工，還要經過很長的時間才能讓酵母菌和乳酸菌成為優勢菌種，因此，如何延續麵種成為很重要的工作，這個動作我們稱為續種。例如，我們手上有1000克粉水比例是2：1的麵種，今天我們用掉700公克，剩餘300公克，我們可以沿用2：1的比例加入新的麵粉，也就是200克相同的麵粉、100克的水，攪拌完成之後，用透氣的紗布或麻布包裹，這樣我們可以得到600公克的老麵並且留給明天使用。這樣的動作，讓麵糰在相同的麵粉環境中不斷繁衍下去，我們就稱為續種，在我們東方叫做擱老麵。

接種

不論是商業酵母或是工藝麵包師傅製作的起種，不一定都是單一酵母；高知名度的舊金山酸麵糰被解讀出五種乳酸菌共存在麵糰裡，造就特殊的風格，因此，工藝麵包師傅只要取得一種起種，往往會嘗試在不同的環境下培養，或是和不同的起種混合，

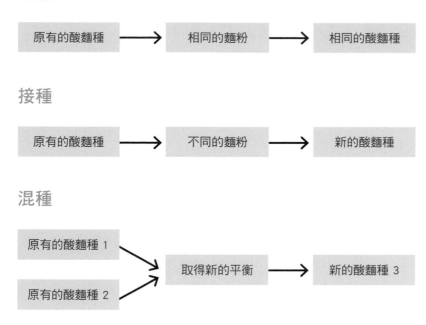

續種

| 原有的酸麵種 | → | 相同的麵粉 | → | 相同的酸麵種 |

接種

| 原有的酸麵種 | → | 不同的麵粉 | → | 新的酸麵種 |

混種

| 原有的酸麵種 1 |
| 原有的酸麵種 2 | → | 取得新的平衡 | → | 新的酸麵種 3 |

期望能夠創造一個風味截然不同的產品。

　　例如我們用裸麥培養的酸麵糰起種300克，加入臺灣小麥全麥麵粉200克和100克的水，攪拌成600克的新麵種；裸麥酸麵種裡的酵母菌和乳酸菌接觸不同的麵粉，做出不同的起種，在重複幾次之後，新的起種會製作出不同風味的麵包，這樣的動作我們稱為接種。另外一種方式是把不同的麵種等比例混合一起，例如混合穀物種和水果種；菌種中的酵母菌和乳酸菌自然形成新的平衡，產生一個新的酸麵種，也因此製作出不同風味的麵包，我們把這種方式稱為混種。這三種方式可以自由發揮、運用，創造屬於自己特色風味的老麵。

前置發酵——
老麵（Levain）的製作

為什麼要養老麵？

我們中國的祖先很早就學會如何使饅頭發酵得更好。起初他們把一部份的麵糰留給下一次的麵糰，麵糰因此發酵得更好，風味更佳，時間久了就形成所謂「擱老麵」的技術，幾百年來這樣的技術被運用在製作麵食，例如饅頭、窩窩頭、饃饃等發酵麵食。西方製作法國麵包也會把攪拌好的麵糰留一部份給下一次使用，他們稱為法國老麵（Pâte fermentée）。

既然可以用前一次留下來的麵糰製作麵包，我們也可以把麵糰分成兩次發酵；例如我們想要製作1000克的麵糰，可以把300克的麵糰提前攪拌發酵，這就是常常聽到的魯邦種（Levain），其實指的就是老麵。Levain是一個泛稱，不是指特定的一個麵種。

老麵的製作方法有很多，但是全部屬於前置發酵（Pre-fermentation）。麵糰發酵的過程區分為前後兩段，目的在於讓麵糰有更多的時間進行發酵期間需要完成的動作，包括澱粉酵素的裂解、麵筋雙硫鍵的形成、酵母族群數量的增加……等等。如果有充分的時間完成這些動作，麵包的製作過程就不需要添加任何人工添加物；這樣的發酵過程，我們稱為自然發酵法。

老麵的製作和酵母的特性密切相關；首先我們要了解酵母屬於兼性的微生物，酵母兼具耗氧和厭氧的特性，在有氧和缺氧的環境都可以生存；在有氧的環境執行呼吸作用、產生二氧化碳和水，在缺氧的環境執行發酵作用、產生二氧化碳和酒精。前者所產生的能量是後者的六倍以上，當然族群繁衍的速度也比較快，

但是後者才是我們想要的風味。

因為酵母不會移動自己，傳宗接代主要靠出芽生殖。酵母在有氧的環境裡，族群數量增加比較快，也會產生比較多的氣體，二氧化碳和水卻不是我們想要的風味；當氧氣耗盡，酵母才進行發酵，產生我們想要的風味。所以，我們在製作老麵的時候，要先思考我們期望在這個階段達成什麼目標，再依據需求去設計老麵的製作方式。

如果我們希望氧氣量充足，可以提高水量並且增加攪拌次數，酵母接觸氧氣的機會自然增加，反之，如果我們希望得到缺氧的環境，可以減少水量、包裹紗布或麻布，同時減少翻麵（Fold）的次數，麵糰內部的氧氣耗盡，形成缺氧的狀況，酵母因為缺氧而必須執行發酵作用，達到我們的目的。

法國麵包師傅常用的Poolish老麵種粉水比例1：1，需要經常攪拌，提供給它較多的氧氣；義大利麵包師傅常用的Biga老麵種，水量是粉量的一半以下並且外層裹布，需要氧氣較少的環境。以下的內容，我們將詳細說明各種不同老麵的製作和續養方式。

Biga 老麵的製作和續養方式

Biga老麵種是義大利製作麵包流行的方法，著名的義大利拖鞋麵包大部份都採用這種方式。從製作麵包的角度來看，硬式的老麵製作麵包速度較慢，但是風味較佳，以液式（Poolish）的方法培養老麵，酵母繁殖的速度較快，卻也損失一些發酵的風味。所以我們可以了解不論是有氧環境或是缺氧環境，酵母都會釋放二氧化碳，受熱時體積膨脹。按照理想氣體方程式PV=nRT，麵糰

從大約30℃左右在烤箱中升溫到250℃，氣體的體積增加將近1.7倍，這就是為什麼麵包受熱體積會變大的原理。

　　一般的配方粉水比例是2：1，也就是說每一次續種的時候，配方是：

配方　老麵100%、麵粉66.6%、水33.4%

　　用實際的例子來說，我們手上有1000克的老麵種，用掉400克剩下600克，我們就依照比例製作。這一類型的Biga老麵種粉水比

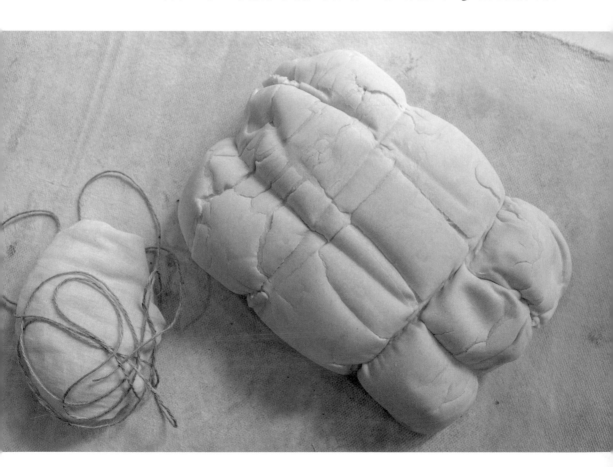

例為2：1，因為水分較少、比較硬，俗稱為硬種。

配方　老麵600克、麵粉400克、水200克

合計　1200克留給明天使用。

　　麵種一旦養好之後，在25℃的室溫中發酵大約2小時，接著放入5℃的冷藏冰箱中12小時。一般這個動作我會在下午的時候進行，下班時放進冰箱，隔天正好可以使用，只是，裹布的麵糰底下需要墊個網子，避免過多的水氣使麵糰和布黏在一起不好處理。

　　麵粉與水的比例2：1不是絕對，有些師傅會堅持把粉水比例再降低，例如：

配方　老麵100%、粉55%、水45%

　　水量越低、溶解的氧氣越少，裹布之後，麵糰的表面結皮，氧氣進入麵糰的機會也大幅降低；在缺氧的環境下，迫使酵母執行發酵作用，我可以得到更多想要的風味。然而酵母族群數目降低，同時又因為水量較低，水合過程一些動作無法完成，在這種情況之下，有些師傅會在攪拌之後進行第二次水合，這就是雙水合法的來由（Double Hydration Method）。雙水合法經過二次攪拌，雙硫鍵形成麵筋的機會增加，酵素裂解大分子的數量也同時增加，以及酵母的族群數量也增加，對於麵糰的結構和風味都有正向的意義。

培養中的硬種老麵

Poolish 老麵的製作和續養方式

　　Poolish老麵種起源於波蘭卻盛行於法國，粉水的比例約為
1：1，我們經常用它製作法國長棍麵包、鄉村麵包等產品。一般
見到的續養配方為：

配方　老麵100%、麵粉100%、水100%

　　如果以實際的重量計算，我們手上有1000克的Poolish老麵
種，用掉600克，剩下400克，所以我們可以加入400克的麵粉，
400克的水。

配方	老麵400克、麵粉400克、水400克
合計	1200克

　　顯然Poolish老麵的水量比起Biga老麵多出一倍，麵糰裡氧氣的比例也高於Biga老麵。酵母有更多機會接觸溶解在水裡的氧氣，進行呼吸作用排出二氧化碳和水、六倍的能量，促使酵母成長得更快，族群數量也快速增加，部份接觸不到氧氣的酵母則執行發酵作用排出二氧化碳和酒精。酵母的食物是葡萄糖，酵母不會游泳，只能釋放酵素裂解澱粉取得葡萄糖，一旦周邊的葡萄糖耗盡，酵母會死亡，族群數量開始下降；所以我們看到Poolish老麵漲到兩倍多就會開始縮小，原因就是這個。

　　我們經常誤認酵母在這個時候族群數量最大，但是因為酵母不會移動，很多麵糰裡的葡萄糖沒有被酵母接觸，酵母的族群數量還有增加的空間。我們可以做一個簡單的實驗，在Poolish老麵達到最高點的時候，給予攪拌，我們會發現Poolish老麵可以繼續漲高，這代表酵母的族群數量還在繼續增加。因為，酵母有機會接觸未被使用的葡萄糖，同時因為攪拌，部份的氧氣溶解到水裡，麵糰的氧氣量增加，酵母的成長與繁殖也加速。這就是為什麼價格昂貴的老窖機，內建一個攪拌器的原理，攪拌可以增加接觸葡萄糖與氧氣的機會以及麵筋雙硫鍵的形成，麵糰因此發酵得更好。因此，在第一次達到2.5倍高度的時候，我們不急著將它放入冰箱，反而可以再攪拌一次，每多攪拌一次，麵種達到2.5倍的時間就被縮短一次，這是因為酵母的族群數量隨著攪拌不斷增加，一般我會重複三次才放入冰箱。

　　Poolish老麵可以快速增加酵母的族群數量，但是對於發酵產生的風味比較不足，因此使用Poolish老麵製作麵包，發酵的時

間必須延長；然而，室溫25℃的環境會加速醋酸菌或乳酸菌的形成，造成PH值下降、麵糰變酸，這就是為什麼我們要在低溫的環境下進行發酵。低溫長時間自然發酵可以補足Poolish老麵的缺點，同樣的，我們使用Biga老麵製作麵包，如果也把溫度降低、延長發酵時間，對於發酵也有相當的助益。低溫長時間自然發酵，麵糰有充裕的時間進行所有應該完成的動作，就不需要加入人工添加物製作麵包。

以量產的角度而言，Poolish老麵是一個比較快的方法，以麵包而言，Poolish老麵所製作的麵包風味不如Biga老麵，但是透過長時間發酵可以彌補這個缺點。這類型的Poolish麵種比起Biga麵種黏稠許多，也俗稱為液種。不論是Poolish老麵或是Biga老麵，兩種老麵都是很好的製作方式，各有其優缺點，麵包師傅在製作麵包的時候，可以依照自己的方式運用、做出個性化的產品。有些麵包師傅同時使用兩種老麵製作麵包，可以平衡兩者的優缺點、做出具有個人特色的美味麵包。

Lievito Madre 義大利水式／硬式老麵的製作與蓄養

義大利的酒醋酸味和乳酸菌的酸味不同，前者的酸味在唇端揮發，後者的酸味在喉頭尾韻下沉；如果我們期望的酸比較接近醋酸的風味，Lievito Madre就是很好的選擇，有些麵包師傅會採用這種方式製作義大利著名的潘娜朵妮麵包。

Lievito Madre製作和蓄養主要的原理，是製作酵母菌、乳酸菌和醋酸菌共存的老麵糰，酸味則比較接近醋酸的風味。為了達到這樣的效果，Lievito Madre續養的方式非常特別，放進水中續養，或是曝露在空氣中，讓空氣中的醋酸菌自然落入。在第一次

建立Lievito Madre老麵的時候，我們採用起種激發麵糰：

配方　起種30%、麵粉100%、水45%

　　這樣的比例和Biga老麵相同，發酵溫度控制在28℃，並且在表面剪出十字放入水中，只要等待麵糰浮上水面，PH值也達到我們的期望，發酵就算完成。第二次以後的續養方式，大部份都採用乾式，和Biga老麵一樣

義大利硬式老麵

Lievito Madre另外有一種比較少見的方式：把老麵糰的一半沉入水中，另外一半在空氣中，替代前面兩階段的作法。目的在於縮短製作時間，但是會損失一部份長時間發酵的風味，此外，也有人把蔗糖加入水中，但是蔗糖為雙醣，酵母無法直接使用，需要等待酵素裂解，不如放入少量的葡萄糖。

Sourdough 酸老麵

採用酸麵糰起種、接種到任何一種麵包的老麵、產生酵母和乳酸菌並存的老麵，這一類型的老麵被稱為酸老麵（Sourdough）。我們常聽到的舊金山酸種麵包、德國和俄羅斯的黑麵包，還有中國東北哈爾濱的大列巴，都屬於這一類型的酸種麵包。義大利的Lievito Madre老麵也常常被翻譯成酸麵種或酸老麵，差別在於Lievito Madre老麵比較接近醋酸菌和酵母共存的機制，兩種麵包的風味大不相同。

測量酸老麵的酸度

酸老麵製作的方法：

配方　酸麵糰起種5%、麵粉100%、水100%

續種方式　（Poolish模式）老麵100%、麵粉100%、水100%

培養溫度　在28℃，12 小時。

Pâte Fermentée 法國麵包老麵

　　我們可以把一部份發酵完成的麵糰當成老麵，留給下一次製作相同的麵包。因為麵糰發酵完成，酵母的族群數量也最多，同樣的，被釋放出的酵素數量也最多；麵糰處於最佳的狀態，放到新麵糰的材料裡攪拌，可以縮短發酵所需要的時間，同時又能達到我們期望的風味。這樣的老麵製作方式，最適合運用在無糖無油的麵包製作過程；我們最常使用的就是法國長棍麵包，每一次打好的麵糰留下10%到30%，作為下一次的老麵種，我們稱這樣的老麵叫做Pâte Fermentée，一般翻譯成法國老麵。

商業酵母隔夜宵種（Overnight Levain）

　　在很多大量生產的麵包工廠或連鎖店裡製作起種和維護起種並不容易，門檻較高，選用現成

的商業酵母因而成本降低、風險降低，對於員工的依賴性等等也同樣下降。

配方　商業酵母0.2%、麵粉100 %、水100 %

　　商業酵母隔夜宵種（Overnight Levain）在常溫靜置約2小時，或是體積膨脹到2倍大左右就可放入冰箱冷藏一個晚上，第二天一早就可以使用。

湯種（Tangzhong）

　　湯種的技術早在中國北方流傳，我們稱為燙麵。先把1/3的麵粉，以65℃以上的熱水燙過，接著冷藏12小時，再和主麵糰攪拌一起，如此可以做出更加柔軟的麵包。我們可以藉由澱粉黏稠度的圖形，了解麵糰在回復點（Set Back）之前，黏稠度下降；超過

澱粉黏稠度曲線圖

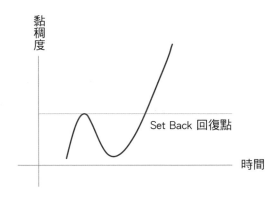

65℃以後，黏稠度上升直到整個固化，這是一段不可逆的化學變化，澱粉受到溫度影響而改變它的物理特性。

我們把1/3的麵粉燙過之後，已經跨越回復點的階段；麵筋、蛋白質、澱粉都已經跨越可以回復的溫度，這部份的麵粉不再參與後續發酵過程的運作，觀念上可以視為「餡料」，麵筋少了1/3，麵糰變得很柔軟。湯種的技術運用在土司、日式、臺式的軟麵包，非常受到東方人的歡迎。

湯種的原理和傳統老麵的概念正好相反，湯種先取一部份的麵粉高溫處理，使這些麵粉失去功能，而老麵正好相反，去掉一部份的麵粉，提前進行發酵作用。這反向思考的邏輯很有趣，我不得不佩服先人的智慧，中國古代很早就已經運用湯種的原理製作麵食，稱為「燙麵」法。但是無論如何這種方法逐漸被還原劑替代，氧化使麵筋加強，還原則相反。

甜麵糰老麵（Sponges）

在製作甜麵包的時候，我們把一部份的麵粉加入水和起種，不包括奶油和其他餡料，先進行長時間發酵，最後再攪拌到主麵糰裡製作麵包，這樣的老麵稱為Sponge Levain。此時，商業酵母已經存在麵糰裡，因為在製作甜麵包的時候，干擾麵糰的因素很複雜，包括奶油、奶粉、蛋、餡料等等。在這麼複雜的環境下，我們單純先把麵粉、水、起種（或是商業酵母）攪拌，在25℃左右發酵大約需要2小時，體積大約膨脹到2倍半，接著冷藏靜置一個晚上，第二天再和主麵糰攪拌一起，麵糰的發酵過程也排除許多可能因為其他材料而改變麵糰強度的因素。我們稱這種老麵製作的方式叫做甜麵糰老麵（Sponges）。

後製作

攪拌主麵糰

主麵糰的攪拌方式可以區分為三種：

1、直接法：

所有的材料一次攪拌成麵糰，就進入後發酵階段，這也是最常使用的方式。一般日式、臺式、軟歐式的麵包店大都採用這種方式，速度快又有效率，可以大量生產、省去餵養老麵所需的時間、直接使用商業酵母；為了求產品標準化以及品質穩定，一般會加入合法的改良劑和風味劑。直接法的材料如鹽、奶油和餡料是後放的，這些材料等到麵糰已經達到完全拓展才陸續加入。離缸溫度是很重要的評核元素，甜麵包、軟麵包、土司可以設定在25℃以上，其他全麥、裸麥、斯貝爾特……等等大多設定在22℃以下。

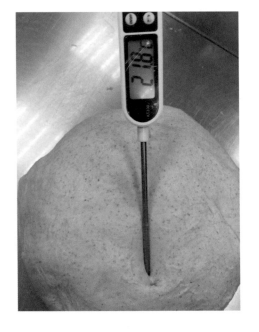

2、低溫長時間自然發酵法：

低溫長時間自然發酵法是本書從一開始就不斷介紹的方法：起種→老麵→主麵糰→麵包。

長時間自然發酵，不使用任何添加物包括商業酵母。我們先養好起種，再用起種養老麵，接著在攪拌時把其他的材料和老麵一起攪拌，鹽後放，油及餡料最後才拌入。這種方式的運作過程，溫度扮演很重要的角

色，每一個步驟都必須非常注意溫度，攪拌時離缸的溫度同樣要依照不同的材料做好控制，全麥、裸麥、斯貝爾特等麵粉製作的產品，建議離缸時候控制在22℃以下，一般高筋麵粉可以在25℃以上。

3、不攪拌麵糰（No Kneading）：

　　不攪拌麵糰，也是很值得推廣的麵包製作方式，和低溫長時間自然發酵法的方式完全一樣：起種→老麵→主麵糰→麵包；兩者不同的地方在於不攪拌麵糰的後製作過程都不使用攪拌缸，所有攪拌的動作全由麵包師傅用伸展與翻麵（Stretch and Fold，簡寫為S&F）兩個動作完成。這種方式的優點很多，比使用機器攪拌更容易控制溫度，很多工藝麵包師傅堅持使用這樣的方式製作麵包，尤其麵糰是大的時候，S&F更是一件耗費體力的工作，但是為了追求完美，工藝麵包師傅樂此不疲。

分割、預成型、中間發酵與整形

　　每個麵糰的特性不盡相同。水量高、黏滯性高、形狀特殊……等等不同的性質，分割、預成型的方式都不盡相同。預成型指的是把麵包最後希望達成的形狀分兩次完成，例如法國長棍麵包，我們分割完之後，先做成枕頭狀，發酵一段時間之後再拉成期望的長度。中間發酵的目的是在最後整形之前，給予分割預成型的麵糰有充分的時間進行發酵和鬆弛，方便進行最後的整形。

上　預成型成橄欖
　　形
下　第二階段拉到
　　期望的長度

後發酵與烤焙

後發酵的目的是讓整形完成的麵糰有足夠的時間鬆弛到一定的體積。當麵糰進入烤箱烤焙的時候，麵包內的氣體在麵糊完全固化之前，可以膨脹到一定的大小，表皮的脆度和內部組織的氣孔達到我們期望的口感（Crumb and Crust）。後發酵的溫度，一般會設定在28℃到35℃之間，取決於時間和麵糰特性；例如土司、臺日式麵包一般後發酵的溫度會設定在35℃，傳統歐式麵包則設定在28℃左右。每一種麵包的烤焙溫度差異很大，最重要考慮的因素是梅納反應和焦糖化反應。

1、**梅納反應**（Maillard Reaction）：由蛋白質的氨基酸和還原糖產生反應、凝黑素使麵包上色及產生不同的風味；還原糖包括葡萄糖、果糖等，但是不包括蔗糖。反應的溫度也很廣，從室溫到150℃梅納反應都持續進行。麵包表皮上色和風味的原因，主要也由梅納反應形成。

觀察梅納反應表皮
上色

做失敗的土司

2、焦糖化（Caramelization）：

是糖類高溫氧化而成。每一種糖類焦化的溫度不太一樣，最低的是果糖，在110℃的時候就開始進行氧化，顏色變黑；其他像是乳糖、麥芽糖蔗糖等大約都在160℃到170℃左右進行焦糖化反應。

顯然，梅納反應才是產生麵包顏色與風味的主要因素。所以設計烤焙溫度的時候，如何取得梅納反應和焦糖化之間的平衡是非常重要的。還有一個很重要的因素影響烤焙時間和溫度，就是麵糰熱傳導的速度。簡單來說，熱能從表皮均勻傳導到內部均勻分佈所需要的時間，澱粉回復點的溫度大約在65℃，我們利用這個溫度製作湯種。96℃的時候，麵糰內幾乎所有物質已經固化，體積不再膨脹。但是當外部溫度太快達到96℃，而內部還無法傳導到足夠的能量使內部固化，這時候外部因為溫度上升很快，一旦開始進行焦糖化反應，我們會很為難，因為這時候看起來是該出爐，可是如果這時候出爐會產生許多問題：

第一，內部沒有完全固化會產生黏牙的口感。

第二，內部沒有完全固化，麵糰又離開烤箱降溫的話，因為糰心是柔軟的，麵糰遇到冷空氣就開始收縮，麵糰上下向著糰心塌陷，左右向著糰心收縮，賣相會變得很差。土司最常看到這種情形，有些麵包師傅誤以為烤箱溫度不夠而提高爐溫，事實上正好相反，此時應該要降低爐溫、延長時間。

　　所以，每一種麵糰可以先依照經驗設計爐溫和時間，設定一組溫度、測量糰心內部達到96℃所需要的時間，並且觀察糰心溫度達到96℃時表皮和氣孔的狀態，接著進行溫度調整。

　　第三，冷熱對流對烤箱內麵糰的影響。

　　冷熱對流時，流速大的地方壓力小，流速小的地方壓力大，這與我們將多少麵糰放進烤箱以及排列方式有關。

　　1、底部四周黃邊的問題：兩個麵糰之間的距離比較狹窄，所以熱空氣流動的速度比較快，熱交換的時間比較短，這就是為什麼麵包底部四周會有一圈黃色的原因。

　　2、兩個麵糰黏在一起的問題：麵糰因為靠近底部的邊緣，也和周邊麵糰最為接近；熱流通過的速度比麵糰頂部更快，速度快的地方壓力小，這是流體力學的白努利原理，因此麵糰會往壓力最小的地方膨脹、凸出，兩個麵糰因此黏在一起。

　　這些現象都是因為麵糰與麵糰之間的距離太近，所以減少麵糰數量或是重新排列就可以解決。

　　各種麵糰烤焙的方式不太一樣，了解原理就能得心應手。

兩個麵糰黏在一起

1、小圓麵包的烤焙方法：

　　許多臺式、日式麵包都是做成小圓形狀，因為麵包含糖量比較高，前段烤焙的溫度可以設定在180℃左右，避免表皮溫

度太高、太快進行焦糖化反應、形成苦黑的表皮；糰心溫度接近96℃，再將上火調高，略產生焦糖化的色澤就可以出爐。

2、口袋麵包的烤焙方法：

如果想要土耳其披薩（Pita）、土耳其麵餅（Lavash）等麵包迅速膨脹、呈現中空口袋形狀，就必須趕在麵糊固化之前。內部的空氣受熱迅速膨脹，麵糰在高溫之下達到96℃，固化的時間在3到4分鐘以內；我們要在這個時間內讓壓平的麵糰膨脹，唯一的方

口袋麵包膨脹起來
的瞬間

法就是高溫。上下火的溫度同時升到250℃到280℃左右，麵糰壓平之後再靜置20到30分鐘，內部發酵產生氣體，入爐時直接貼在石板上，氣體受熱膨脹，2到3分鐘左右就可以出爐。

3、開口笑司康（Scone）的烤焙方法：

因為希望司康能自側面裂開，我們可以加大上火和下火的溫差，例如上火230℃，下火160℃；上層迅速固化，膨脹的氣體只好沿著側面衝出，對於出現開口笑的形狀有比較好的效果，另外，在製作時折疊兩層也會有正向的幫助。

4、扁平麵包的烤焙方法：

扁平麵包厚度往往不到0.5公分；麵糰貼在爐床上，熱流迅速以傳導的方式傳導到麵糰表面，氣體必須在入爐之前有效排除，

否則會變成口袋麵包，這時候有一把像印章的工具變得很重要。我們先用印章工具捶擊麵糰，把氣體充分排出，一樣用上下火高達260℃以上的溫度，依照厚薄以及期望的脆度，在極短的時間出爐；薄皮的脆餅往往只需要3分鐘，佛卡夏之類的扁平麵包可能在12分鐘左右就可以出爐。

5、拖鞋麵包（Ciabatta）的烤焙方法：

每家的拖鞋麵包詮釋方法不同，各有優缺點。如果我們期望的是較大的氣孔、柔軟的上表皮、發亮的薄膜，我們設計爐溫可以採用下火高、上火低的方式烤焙；目的在於延長上表皮固化的時間，氣孔受熱膨脹不至於被固化的上表皮固定。我採取的溫度

策略是上火180℃、下火220℃，16分鐘以後，上火升高到200℃，大約再3到4分鐘上表皮上色就可以出爐。

6、圓柱型麵包的烤焙方法：

這一類型的麵包多半放在紙模裡面，最常看到的就是義大利水果麵包潘娜朵妮。圓柱型麵包比一般麵包高，上表面比一般麵包高，比較接近爐頂，受熱會比一般麵包來得快、容易上色；如果上火太高，會造成上頭顏色很深，但是中心點還沒有熟。因此，烘烤這一類型的麵包，上火必須降低，例如300克高10到15公分的水果麵包，烘烤時間是35分鐘；前25分鐘溫度設定在上火140℃、下火180℃，最後10分鐘才升溫到上火180℃、下火200℃，上表皮上色後就可以出爐。這一類型的麵包在出爐時一般會倒掛一段時間，因為個頭高體積大，粗心的工作人員經常忽略內部糰心溫度沒有達到固化就出爐，造成頂部下陷、或是縮腰、賣相不好，因為裝在紙模中、倒掛到油脂凝固，就可以避免這種情形。

7、低麵筋或是無麩質麵包的烤焙方式：

這一類型的麵包因為缺乏麵筋作為麵包成型的支柱，受熱之後往往坍塌成扁平狀，口感不好、形狀不好、賣相很差，例如高裸麥比例的酸種麵包、俄羅斯的黑麵包、斯貝爾特無麩質麵包等等。原因是裸麥、斯貝爾特缺乏麥穀蛋白和醇溶蛋白無法形成麵筋薄膜、包覆發酵產生的氣體，這些氣體容易受重力擠壓逸出，或是受溫度升高膨脹破裂逸出。

因此，我們製作這一類型的麵包有兩個重點：第一是輕柔對待（gentle touch），避免重壓、重捧，即使入爐時我們也不使用

入爐架，改用薄的入爐鏟，避免麵糰掉落到爐床時因為落差較大
而逸出氣體。第二是高溫入爐。一般我會採用上火250℃、下火
250℃的溫度，入爐時直接接觸爐床，使氣體在逸出之前麵糊受高
溫固化而不會塌陷，但是如果持續維持高溫，表面會產生焦糖化
反應而變黑、變苦。所以，500克的麵糰在籐籃裡發酵完成要入
爐時，我們的程序是：入爐時上火250℃、下火250℃，噴蒸氣，
在烤焙5分鐘之後，降溫到上火230℃、下火230℃再烤5分鐘，
接著上火210℃、下火210℃再5分鐘。之後降溫為上火210℃、下
火210℃烤10分鐘，最後視上色情況，將上火升到250℃烤3到5分
鐘，目測出爐。

8、長棍麵包（Baguette）的烤焙方法：

我們期待的長棍型麵包是表皮酥脆、內部柔軟、有氣孔卻不
要太大，也不要像鄉村麵包那麼緊實，然後表面還有割刀的耳朵
裂痕。爐火的設計就是重點。一般麵糰入爐時會高達230℃以上，
有的師傅使用250℃高溫，內部的氣體在表皮固化之前迅速膨脹並
且噴入蒸氣、延緩上皮凝固，接近上表皮的空氣自割刀的缺口衝
出，形成耳朵外翻的形狀。但是230℃已經超過焦糖化的溫度，很
容易造成上下顏色過深或焦黑、口感呈現苦味；為了避免這種狀
況，我們會在入爐噴完蒸氣之後，降低上下火到210℃，目的在
於入爐時的高溫使氣體迅速膨脹，形成我們想要的氣孔，但是底
部和上表皮都不會焦黑，等到糰心溫度達到80℃時再升溫使表皮
上色。長棍型麵包的變數很多，烤焙溫度的設計只是其中一種因
素，製作過程中還有很多需要考慮的地方。

9、大麵包的烤焙方法：

500公克以上到2公斤的大麵包，例如：米琪及各國的鄉村麵

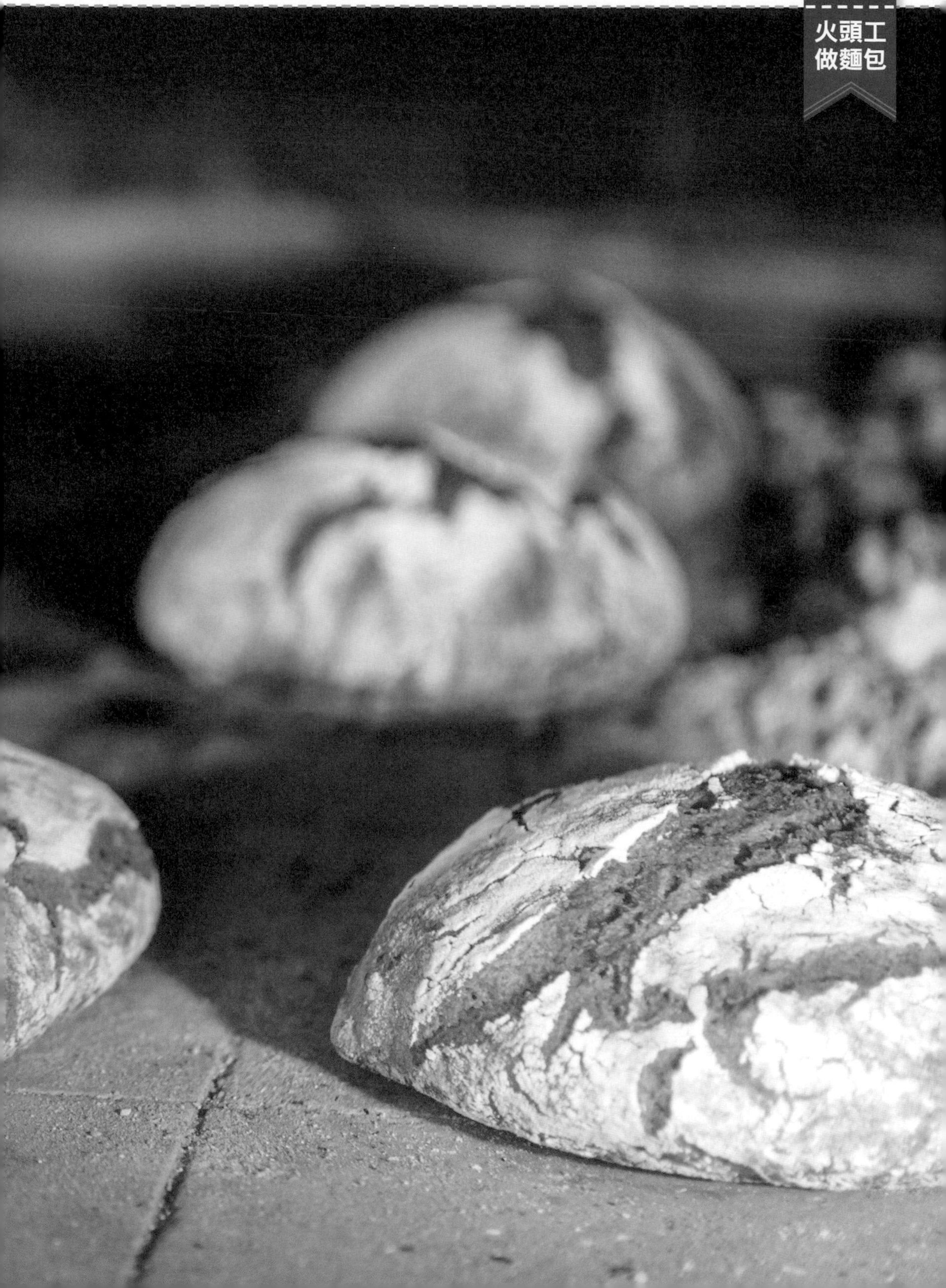

包。烤焙時避免過早進行焦糖化，所以我們會選擇較低的溫度，上下火設在180℃左右、時間延長。糰心溫度達到80℃，升高上下火到200℃以上，糰心溫度達到90℃，升高上火進行焦糖化反應，上皮的顏色達到我們的要求大約就可以出爐。如果以2公斤重的米琪麵包來說，第一階段設定上下火都是180℃、時間30分鐘，第二階段升高到上下火都為200℃、20分鐘，之後升高上火到220℃，大約3分鐘表皮上色就可以出爐。大麵包很忌諱一開始就用高於200℃的溫度烘烤，因為表皮超過160℃，焦糖化使表皮迅速變黑，但是糰心溫度可能還不到70℃；為了顧及表面不能燒焦，此時出爐的麵糰內部並沒有烤熟造成兩難，有經驗的師傅會把上爐門夾一個手套同時降低上火、沿長時間，直到糰心溫度達到96℃才出爐，但是口感終究還是不同。

10、水浴法

德國黑麥麵包（Pumpernikel）使用高比例的黑裸麥，但是原本裸麥的顏色並沒有那麼深，有些麵包師傅為了加深顏色會加入可可粉或是咖啡。然而也有一些師傅希望保有裸麥原有的香氣所以選擇不加，他們會在烤模下方的烤盤放大量的水，並且用網架

架高烤模、降低爐溫上下火110℃到150℃之間，接著延長時間、烤焙3小時以上；因為水在100℃氣化的時候會吸收大部份的熱能，使得爐腔內的溫度一直維持在100℃左右，再利用低溫的梅納反應，使麵包內外都能均勻上色，我們將這種方式稱為水浴法。

十五種經典麵包的
配方和製作程序

　　每個麵包師傅都有自己的麵包配方設計與詮釋方式，但有一個安全比例可以遵循：

　　鹽量是粉量的2％，水量是粉量的65％，商業酵母是粉量的0.2％，老麵是粉量的30％ ，以這個為標準，再依照師傅的喜好進行調整。

老麵饅頭 　華人的蒸氣麵包

 份量　每個切110克，約27個

材料

老麵饅頭配方：

材料名稱	數量〈克〉
Biga硬種老麵（粉水比例2：1老麵種）	1500
臺灣小麥	1000
水（冰）	520
鹽	5

商業酵母硬種老麵配方：

材料名稱	數量〈克〉
乾酵母	2
麵粉	1000
水	500

（老麵種視使用量，可依此倍增）

起種硬種老麵配方：

材料名稱	數量〈克〉
起種	300
麵粉	850
水	350

（老麵種視使用量，可依此倍增）

火頭工特別商請老麵饅頭游朝清師傅（中）公開他的配方和製程

作法

一、硬種老麵

1、將乾酵母倒入水中，溶化後即可倒入麵粉，拌成糰即可。

2、待麵糰發酵到2倍大後，攪拌、重複三次之後，放入5℃冰箱冷藏12小時以上即可使用。

二、老麵饅頭

1、攪拌

→ 慢速1分鐘（一速）。

→ 中速5到6分鐘（二速）。

→ 慢速1分鐘（光亮）。

→ 視麵糰大小，攪拌時間可增減。

→ 攪拌時需快速完成，不然會拌入過多空氣（氣泡較多）。

→ 麵糰拌好後需鬆弛5分鐘。

2、製作

→ 揉麵完成後，約需鬆弛5分鐘。

→ 鬆弛完成後，將麵糰整型為長條。

→ 分割，揉麵，整型為圓形。

→ 整型完成後，發酵約50到60分鐘（1.8倍大）。

→ 視溫度增減發酵時間。

→ 發酵完成即可開始蒸。

3、蒸的方式

A、不鏽鋼（氣爆）蒸箱：蒸至95℃後，再蒸12分鐘即可出爐。

B、（竹）蒸籠方式：大火蒸至水滾後計時20分鐘，完成後需透氣幾分鐘，才可慢慢打開蒸籠。因溫度差，冷空氣會使蒸好的饅頭變皺變扁，故需使蒸籠慢慢透氣才能打開。

步驟

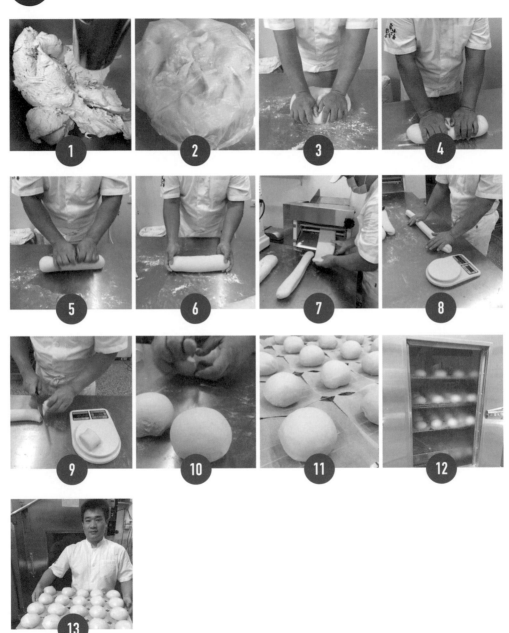

佛卡夏　　義大利的扁平麵包

份量　9個

材料

材料名稱	數量〈克〉	烘焙比例
杜蘭粉	200	22.86 %
高筋麵粉	375	42.86 %
低筋麵粉	300	34.29 %
水	444	50.74 %
鹽	20	2.29 %
酵母（選項）	2	0.23 %
液種老麵	500	57.14 %
橄欖油	40	4.57 %
油漬番茄	15	1.71 %
黑橄欖片	110	12.57 %
總重	2006	229.26 %

作法

1、培養液種老麵Poolish，麵粉：水= 1：1。

2、除了鹽、橄欖油、油漬番茄、黑橄欖片以外，全部放入，攪拌成糰時
　　放入鹽和橄欖油。

3、離缸溫度低於25℃。

4、離缸後，20分鐘翻麵一次，隔20分鐘，分割成每個約222克。滾圓，
　　放入5 ℃冰箱冷藏12小時。

5、取出後置於28℃的發酵箱中發酵約1小時。整形成扁平麵包，再發酵
　　30分鐘後，在表面裝飾油漬番茄後入爐。

6、上火230℃，下火230℃，噴蒸氣，約8分鐘出爐。

火頭工筆記

1、配方設計：液種老麵比例為57.14％，採用粉水比例1：1的
　 Poolish老麵種，酵母是選項，剛開始對於老麵製作不是很有
　 把握時可以使用，熟悉之後就可以不加了。鹽量20克，佔烘
　 焙比例2.29％，看起來比標準值2.00％偏高，但是因為有液種
　 500克，其中粉水各半，所以還有250克的粉，總粉量1125克
　 （200+375+300+250），鹽的實際比例1.77％（20÷1125），
　 比標準值還低。

2、這一款佛卡夏比較柔軟，和義大利披薩、土耳其披薩（Pide）
　硬脆的餅皮不同。

3、黑橄欖和油漬番茄是很好的搭配，加上一鍋濃湯就是很好的一
　頓晚餐。

4、佛卡夏的來源有兩種說法，第一種說法是以往用石窯燒烤麵
　包，不像現代有精準的溫度計可以測量爐溫。柴火升到高溫的
　時候，我們先丟進一塊扁平麵皮，測試爐溫是否到達，扁平麵
　包在高溫時只需要3到6分鐘就可以出爐，看它的狀況就可以了
　解石窯的爐溫是否已經達到要求。高溫烤出來的麵皮特別香，
　加上一些裝飾，據說佛卡夏就是這樣產生的。另一種說法是在
　烤披薩的時候怕浪費餡料，往往麵糰的數量會多做一些，披薩
　烤完了以後，剩下的麵糰丟了可惜，壓扁之後加上一些裝飾，
　就變成佛卡夏。

辮子麵包　　猶太人安息日吃的麵包

份量　15個

材料

材料名稱	數量〈克〉	烘焙比例
高筋麵粉	1500	100.00 %
糖	99	6.60 %
鹽	25	1.67 %
酵母（選項）	3	0.20 %
全蛋	450	30.00 %
水	510	34.00 %
橄欖油	98	6.53 %
液種老麵	600	40.00 %
總重	3285	219.00 %

作法

1、培養液種老麵Poolish，粉：水＝1：1。

2、除了鹽、橄欖油以外，全部放入，攪拌成糰時放入鹽。

3、離缸溫度低於25℃。

4、離缸後，40分鐘翻麵一次，隔20分鐘，放入5℃冰箱中冷藏30分鐘，
分割成每個73克，3個共219克，整形成辮子，再放入冷藏12小時以
上。

5、取出後置於28℃的發酵箱中發酵約1小時，刷蛋液後入爐。

6、上火210℃，下火190℃，噴蒸氣，約19分鐘出爐，最後3分鐘視上表
皮的狀況，調升上火的溫度，使上表皮呈現金黃色。

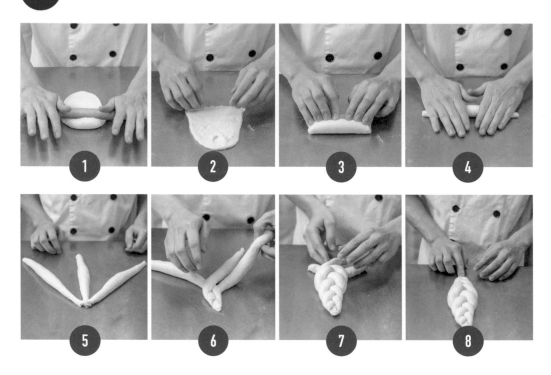

火頭工筆記

1、配方設計：Poolish比例為40％，採用粉水比例1：1的Poolish老麵種，酵母是選項，剛開始對於老麵製作不是很有把握時可以使用，熟悉之後就可以不加了。

2、辮子麵包屬於休息日的餐點，因為不用工作，所以鹽量比一般的麵包低；表格中為1.67％，因為有液種600克，其中粉水各半，所以還有300克的粉，總粉量1800克（1500+300），鹽的實際比例1.39％（25÷1800），比標準值還低很多。辮子麵包流傳多年，傳遍各地，因此各地的配方都不同，流派很多，師

傅可以依照自己的詮釋方式調整鹽量，做出屬於自己風格的麵包。

3、有些配方會全部使用蛋黃，蛋黃是天然的乳化劑會使麵包更加柔軟，彈性更好。

4、如果希望口感較為鬆軟，高筋麵粉可以依照80：20的比例加入20％的低筋麵粉，或是直接用蛋白質含量在11％到12.6％左右的T55麵粉。

5、橄欖油宜採用標示Pure或是100％發煙點較高，不宜使用初搾冷壓（Virgin / Extra virgin）。

6、全蛋的固形物佔25％，如果只是蛋白的固形物佔12％，蛋黃固形物佔50％，這個配方使用的是全蛋450克、固形物佔25％，也就是說75％是水，水量為337.5克（450×0.75），配方中的水量比例只有34.00％，看起來很低，但是1：1的液種600克，粉水各半，水量有300克，總水量為1147.5克（510+337.5+300），總粉量為1800克（1500+300），正確的粉水比例為63.75％（1147.5÷1800）。

長棍麵包　　法國人的最愛

份量　5條

材料

材料名稱	數量（克）	烘焙比例
T65麵粉	700	100.00%
水	350	50.00%
鹽	14	2.00%
酵母（選項）	2	0.29%
液種老麵	600	85.71%
總重	**1666**	**238.00%**

作法

1、培養液種老麵Poolish，粉：水＝1：1。

2、除了鹽以外，全部放入，攪拌成糰時放入鹽。

3、離缸溫度低於22℃。

4、離缸後，40分鐘翻麵一次，隔20分鐘再翻麵一次，再20分鐘，分割成每個320克。整形成枕頭形，放入5℃冰箱中冷藏12小時。

5、取出後置於28℃的發酵箱中發酵約1小時。整形成長棍形，後發酵約20分鐘。表面切割後入爐。

6、烤箱預熱到上火230℃，下火250℃，噴蒸氣，5分鐘以後降溫到上火210℃，下火220℃，總共約23分鐘，最後3分鐘視情況調整上火，使上表皮上色後出爐。

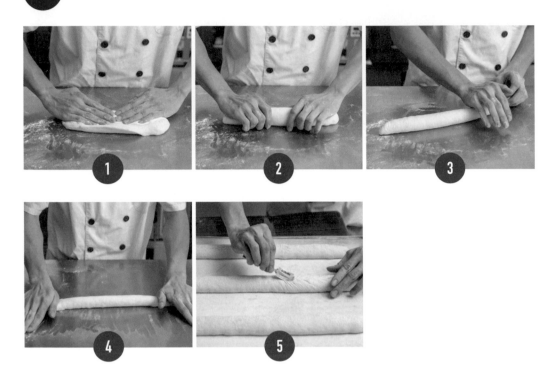

火頭工筆記

1、配方設計：Poolish液種比例為85.71%，目的在於增加前置發酵
　　麵糰的數量，增加風味，採用粉水比例1：1的Poolish老麵種，
　　酵母是選項，剛開始對於老麵製作不是很有把握時可以使用，
　　熟悉之後就可以不加了。鹽量可以斟酌提高，但是因為有液
　　種600克，其中粉水各半，所以還有300克的粉，總粉量1000克
　　（700+300），鹽的實際比例1.40%（14÷1000），比標準值還
　　低。

2、有些麵粉廠商針對長棍麵包提供最適化的T55麵粉，可以100%
　都使用T55，不需要另外使用高筋麵粉。如果使用一般的高筋
　和低筋麵粉搭配，高筋麵粉和低筋麵粉的比例可以為7：3或是
　8：2，這就是常常聽到的「高低配」。

3、水量比例在這個配方中只有50.00%，看起來偏低，但是Poolish
　液種比例達到85.71%，如果把液種的水量加上，這個配方的粉
　水比例為65%，這是一個安全的水量比例，如果要製作高水量
　的長棍麵包可以把水量調高。

4、入爐時採用高溫使空氣膨脹，形成氣孔和薄膜。

5、出爐後上表皮接觸冷空氣收縮形成龜裂，可以聽到清脆的斷裂
　聲。

鄉村麵包　　歐洲勞動階層的麵包

份量　10個

材料

材料名稱	數量（克）	烘焙比例
粗裸麥粉	100	4.97 %
胚芽粉	81	4.03 %
高筋麵粉	1470	73.10 %
全麥粉	360	17.90 %
黑麥啤酒	990	49.23 %
酵母（選項）	4	0.20 %
鹽	40	1.99 %
Poolish老麵	610	30.33 %
水	175	8.70 %
總重	3830	190.45 %

作法

1、培養液種酸老麵Poolish，粉：水= 1：1。

2、除了鹽以外，全部放入，攪拌成糰時放入鹽。

3、離缸溫度低於22℃。

4、離缸後，隔20分鐘，直接分割成每個383克。整形成圓形，發酵20分鐘之後放入5℃冰箱中冷藏12小時。

5、自冰箱取出後置於28℃的發酵箱中發酵約1小時。整形成圓形，後發酵約20分鐘。表面切割十字後入爐。

6、烤箱預熱到上火180℃，下火180℃，噴蒸氣，約16分鐘後升溫到上火210℃，下火210℃，再15分鐘，最後3分鐘視情況調整上火，使上表皮上色後出爐。

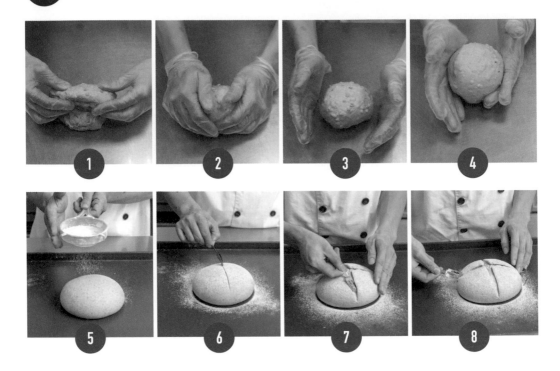

火頭工筆記

1、鄉村麵包一般也稱之為農夫麵包,是農人階級的主要食物,早期使用的麵粉大都為粗磨的全麥麵粉,在十字軍東征的年代,麵包師傅會在表面上畫十字,作為宗教祈福的象徵。

2、農人工作流汗需要補足鹽份,所以鹽量比例較高,標準是2%,有些配方會更高。鹽量可以斟酌提高,但是因為有液種610克,其中粉水各半,所以還有305克的粉,總粉量2316克(100+81+1470+300+305),鹽的實際比例1.73%(40÷2316),比標準值還低。這個鹽量比例顯然偏低,當初

　　設計這個配方的時候，因為店在市區，所以大幅減少鹽量。

3、配方設計：Poolish液種比例為30.33%，目的在於增加前置發酵麵糰的數量，增加風味，採用粉水比例1：1的Poolish老麵種，酵母是選項，剛開始對於老麵製作不是很有把握時可以使用，熟悉之後就可以不加了。

4、胚芽含有豐富的脂肪酸，在磨製麵粉時往往會為了能延長保存期而被移除。農夫麵包採用整粒研磨的全麥麵粉，沒有移除胚芽，增加胚芽的目的在於補充高筋麵粉被移除的胚芽，更加健康營養。

5、配方中的水量只有8.70%，因為大部份都是用黑麥啤酒代替水，再加上液種裡有一半的水，所以總水量為1470克（990+175+305），總粉量2316克（100+81+1470+300+305），實際上粉水比例為63.47%（1470÷2316）。

裸麥酸種麵包　德國餐桌上的最愛

份量　5個

材料

材料名稱	數量（克）	烘焙比例
裸麥全麥粉	1000	100.00 %
水	920	92.00 %
液種老麵	800	80.00 %
鹽	28	2.80 %
總重	2748	274.80 %

作法

1、培養酸老麵800克，粉水比例為1：1。

2、除了鹽以外，全部放入，攪拌成糰時放入鹽。

3、離缸溫度低於20℃。

4、離缸後，30分鐘翻麵一次，再3小時分割成每個約550克。整形成圓形，放入籐籃。

5、放入25℃的發酵箱中發酵約1到2小時。

6、烤箱預熱到上火250℃，下火250℃，噴蒸氣，5分鐘，降溫到上火230℃，下火230℃ 5分鐘，繼續降溫到上火210℃，下火210℃10分鐘，接著將上火升到250℃，約5分鐘視上色的情況，目測出爐。

火頭工筆記

1、麵糰非常黏手，不好操作，攪拌時需注意溫度，離缸溫度不要
超過22℃。

2、100％裸麥比例，麵筋不容易形成，因此整個過程中，整形必
須輕柔，不能用力擠壓或重摔。鹽量比例高達2.80％，看似
偏高，但是因為有液種800克，其中粉水各半，所以還有400
克的粉，總粉量1400克（1000＋400），鹽的實際比例2.00％
（28÷1400），恰好是標準值。

3、放入籐籃時，光亮面朝上。

4、不宜使用入爐架，因為入爐架和爐床之間距離較大，麵糰重摔
　　到爐床時會扁掉，體積變小，所以必須用入爐鏟進爐床。

5、這款麵包風味很好，營養價值很高，值得推廣。

圖／鄧博仁

潘娜朵妮　　義大利聖誕節的歡慶

份量　6個

材料

材料名稱	數量（克）	烘焙比例
Lievito Madre老麵	315	56.55 %
高筋麵粉	282	50.63 %
杜蘭粉	275	49.37 %
糖	60	10.77 %
鮮奶	250	44.88 %
蛋黃	72	12.93 %
奶油	157	28.19 %
酵母	3	0.54 %
鹽	11	1.97 %
杏桃乾	100	17.95 %
蔓越莓	75	13.46 %
橘丁	200	35.91 %
總重	1800	323.16 %

作法

1、培養義大利液種酸老麵Lievito Madre 315克。

2、除了鹽、奶油、餡料以外，全部放入，攪拌成糰時放入鹽。

3、離缸溫度低於25℃。

4、離缸後，直接分割成每個300克。整形成圓形，放入紙模，進入5℃
　　冰箱中冷藏12小時。

5、自冰箱取出後，置於發酵中，25℃的發酵箱中發酵約3小時，加上裝
　　飾或刷蛋液之後入爐。

6、烤箱預熱到上火140℃，下火180℃，約28分鐘出爐。

火頭工筆記

1、重量可以隨紙模調整，300克屬於比較小的，一般會做到每個800克以上。

2、潘娜朵妮從文藝復興時代流傳至今，配方很多，各家都認為自己才是正統。蛋黃和橘皮丁是共同會有的配方，至於Lievito Madre的養法，各家都有自己獨特的方式，有的用裹巾、硬式方法，有的放在水裡養，有的一半在水裡、一半在空氣中，各出奇招，各有特色。有些配方不放置杜蘭小麥，在當地會使用義大利編號為type00的麵粉，有些麵粉廠商會針對潘娜朵妮

的需求提供潘娜朵妮的預拌粉。

3、麵糰顏色偏黃主要來自蛋黃和橘丁的顏色，烤焙時注意上火不
　宜太高，因為紙模撐起來之後，較一般麵包高，上火太高表面
　容易因為焦糖化而變黑。

4、潘娜朵妮是聖誕節的節慶蛋糕。

土司

早餐桌上的麵包

份量　　3條

材料　　**中種：**

材料名稱	數量〈克〉	烘焙比例
高筋麵粉	1100	100.00 %
鹽	15	1.36 %
酵母	8	0.73 %
鮮奶	400	36.36 %
水	284	**25.82 %**

主麵糰：

材料名稱	數量〈克〉	烘焙比例
高筋麵粉	735	100.00%
中種	1807	245.85%
糖	98	13.33%
鹽	15	2.04%
酵母	8	1.09%
鮮奶	425	57.82%
奶油	59	8.03%
總重	3147	**428.16%**

作法

1、製作中種。隔夜冷藏12小時。

2、除了鹽、奶油以外，連中種全部放入，攪拌成糰時放入鹽、奶油。

3、離缸溫度低於25℃。

4、離缸後，20分鐘翻麵一次，分割成每個210克。

5、再發酵20分鐘，整形放入土司模中發酵約1小時。入爐。

6、烤箱預熱到上火230℃，下火230℃，約45分鐘出爐。

步驟

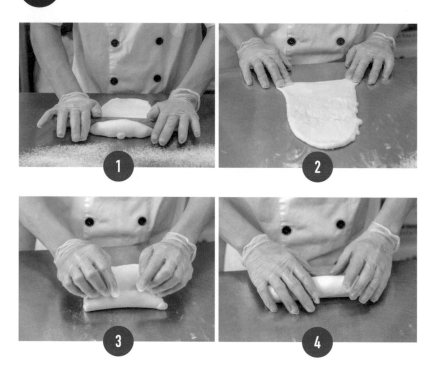

火頭工筆記

1、這個配方採用「中種法」。所謂中種法，就是把總麵糰的2/3提前一天攪拌，打好的麵糰靜置一個晚上，第二天拿出來和主麵糰攪拌、製作土司，這個提前一天打好的麵糰就稱為「中種」。

2、有些配方中種不放鹽，可以把中種的鹽量加到主麵糰。鹽量可以斟酌提高，但是因為有中種1807克，其中粉量1100

克，總粉量1835克（1100+735），鹽的實際比例1.63％
（15+15÷1835），比標準值還低。這個鹽量比例顯然偏低，
可以自行調整。

3、每模土司放入5卷，總重量為1050克。

4、麵糰不宜打到完全拓展，過度攪拌造成延展性過高時，底部拓
展到土司模底端的直角部份，不易脫模，組織因薄膜太薄而造
成氣體溢出，麵糰脹大之後內縮，烘焙彈性變差，口感也相對
的變差。

5、入爐時要注意高度，過度發酵土司的上側邊緣會成為沒有弧度
的直角，也就是麵包師傅常說的「出角」，有經驗的麵包師傅
不用切土司，看外形就知道發酵麵糰的過程用不用心，土司一
旦出角，組織的連續性不好，口感就差多了。

6、糰心溫度未達96℃就出爐，冷卻後會產生土司頂端下陷，兩側
往內縮的現象，也就是常聽見的縮腰現象；這是因為糰心沒有
烤熟，密度較大，冷卻後受到重力影響往下拉，造成頂部下
陷、兩側內縮，此時宜降低溫度延長時間烘烤。

多穀物麵包　　　歐洲的主食

份量　3個

材料

材料名稱	數量（克）	烘焙比例
硬種	159	19.92 %
液種老麵	837	104.89 %
高筋麵粉	717	89.85 %
全麥粉	81	10.15 %
水	300	37.59 %
鹽	15	1.88 %
酵母（選項）	3	0.38 %
黑芝麻	20	2.51 %
白芝麻	28	3.51 %
杏仁角	86	10.78 %
核桃	36	4.51 %
橘丁	40	5.01 %
總計	2322	290.98 %

作法

1、製作硬種、液種兩種老麵種。硬種粉水比例為2：1，液種粉水比例為
　　1：1。

2、除了鹽以外全部放入，攪拌成糰時放入鹽。

3、離缸溫度低於22℃。

4、離缸後，40分鐘翻麵一次，再20分鐘，分割成每個約770克，整形成
　　橄欖形。

5、發酵20分鐘，放入5℃的冰箱中冷藏12小時。

6、自冰箱中取出後，置於25℃發酵箱中約2小時入爐。

7、烤箱預熱到上火180℃，下火180℃，約30分，升溫到上火200℃，下火200℃再約20分，視表面上色狀況升高上火，約3分鐘後出爐。

火頭工筆記

1、液種老麵製作方式為裸麥粉300克、起種200克、全麥粉230克、水530克（全部總重為1260克），混合均勻，常溫發酵2到3小時後，放入5℃的冰箱中冷藏12小時。取837克使用，其餘繼續續養作為下一次使用

2、主麵糰的全麥粉可以先和水浸泡一個晚上。

3、Poolish液種比例為104.89%，目的在於增加前置發酵麵糰的數量，增加風味，採用粉水比例1：1的Poolish老麵種，酵母是選項，剛開始對於老麵製作不是很有把握時可以使用，熟悉之後就可以不加了。

4、多穀物麵包比較接近德式麵包的做法，主麵糰的水可以改用黑麥啤酒，風味會更好。

司康　介於餅乾和麵包之間的英式鬆餅

份量　10個

材料

材料名稱	數量（克）	烘焙比例
臺灣小麥	300	100.00 %
糖	34	11.33 %
鹽	3	1.00 %
奶油	80	26.67 %
蔓越莓	60	20.00 %
全蛋	64	21.33 %
鮮奶	100	33.33 %
泡打粉	10	3.33 %
總計	651	217.00 %

作法

1、奶油切碎，冷凍。粉類也須冷凍，鮮奶冷藏。

2、奶油、粉類、泡打粉、糖、鹽等乾性材料除了鹽以外，全部放入，攪拌10分鐘。

3、拌入蛋、鮮奶、蔓越莓。

4、起缸後，擀平，冷藏1小時後壓模。

5、20分鐘後入爐。

6、烤箱預熱到上火230℃，下火160℃，約16分鐘出爐。

火頭工筆記

1、泡打粉宜採用不含鋁的泡打粉。

2、司康也可以採用酵母發酵，配方不變，把1/3的麵粉、起種、水製作Poolish老麵製作司康，採用酵母發酵時間較長，麵糰因為長時間水合而形成麵筋，司康是鬆餅，麵糰出筋，口感會變差。所以採用酵母或老麵發酵麵糰時，我們要選擇麵筋成分（蛋白質含量）越低的麵粉越好；入爐時，烤焙溫度要更高，使麵糰在膨脹時迅速固化，不會塌陷，所以採用酵母發酵製作司康，要訣在於升高溫度、縮短時間、降低麵筋兩個重點，同

時要能夠接受成品較扁，口感連續性較差。

3、司康和布里歐一樣，有所謂富人和窮人的方法，主要是因為好的奶油很貴，窮人吃不起，只好降低奶油的含量，現代人強調低糖，富人發現窮人的吃法比較健康快樂，所以很多富人的配方都把油量降低了，這個配方奶油的比例33.33%算是中偏低的，讀者可以自行增加，躋身富人行列。

4、「油不溶解、粉不出筋」是製作司康的口訣。好的奶油大約在25℃以上開始大量熔解，所以攪拌溫度一定要低（一般我會低於22℃）；至於粉不出筋，就只能用手拌，攪拌缸的扭力和速度太快了，製作美食又能同時鍛鍊身體，一舉兩得。

5、上火和下火溫差很大，主要目的在於迅速把麵糰頂端固化，氣體只好從側面衝出，形成開口笑的特殊外觀。

布里歐麵包　北歐介於甜點和麵包之間的麵包

份量　18個

材料

材料名稱	數量〈克〉	烘焙比例
高筋麵粉	714	100.00 %
糖	63	8.82 %
奶粉	32	4.48 %
酵母	2	0.28 %
鹽	5	0.70 %
硬種老麵	212	29.69 %
全蛋	118	16.53 %
可可粉	35	4.90 %
水	282	39.50 %
奶油	282	39.50 %
巧克力豆	235	32.91 %
總計	1980	277.31 %

作法

1、培養硬種老麵種，粉水比例為2：1。

2、除了鹽、奶油、巧克力豆以外全部放入，攪拌成糰時放入鹽、奶油，
　　最後拌入巧克力豆。

3、離缸溫度低於22℃。

4、離缸後直接分割成每個110克，整形後放入模型中。在5℃冰箱中冷
　　藏12小時。

5、自冰箱取出後，置於25℃的發酵箱中發酵約1小時。表面刷蛋液，入
　　爐。

6、烤箱預熱到上火160℃，下火230℃，約16分鐘，升溫到上火180℃，
　　下火200℃，再約10分鐘後出爐。

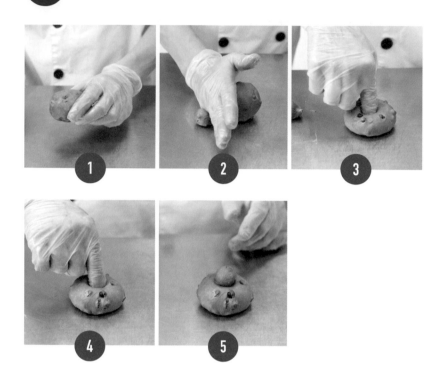

火頭工筆記

1、布里歐麵包是歐式麵包中少數的甜麵包,成份接近蛋糕,但有經過發酵,所以算是麵包。

2、這個配方奶油含量達到39.50%應該勉強可以算是富人吃的,可以自行調整奶油的含量。

3、離缸溫度僅可能低於22℃。高油脂的麵糰,有一個很重要的觀念是油脂薄膜(lipid film)。這是產生於油脂的極性端和水分子互斥,也就是所謂的疏水性,攪拌時自動排列形成薄膜(film),這樣的排列穩定性沒有像雙硫共價鍵那麼強,溫度

上升，分子的活動力變大，薄膜呈現不穩定狀態，就是我們常說的「油水分離」。

4、因為有鐵模，所以進烤爐時底火需要較高，使麵糰底部略微焦化，出爐後比較容易脫模。

拖鞋麵包　　義大利的麵包

份量　1盤24個

材料

材料名稱	數量（克）	烘焙比例
高筋麵粉	1280	80.00 %
低筋麵粉	320	20.00 %
酵母（選項）	8	0.50 %
鹽	40	2.50 %
液種老麵	1600	100.00 %
水	960	60.00 %
橄欖油	160	10.00 %
黑橄欖	250	15.63 %
總重	4618	288.63 %

作法

1、培養義大利液種酸老麵Poolish。

2、除了鹽、橄欖油以外，全部放入，攪拌成糰時放入鹽、橄欖油。

3、離缸溫度低於22℃。

4、離缸後，40分鐘翻麵一次，後發酵約3小時。

5、攤平切割成24個，入爐。上火160℃，下火220℃，約19分鐘出爐。

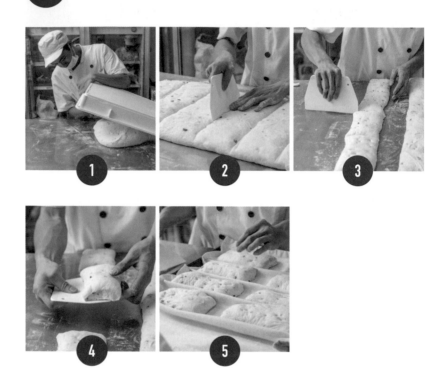

步驟

火頭工筆記

1、傳統的義大利麵包師傅會用類似Biga的義大利老麵（Lievito
Madre）製作拖鞋麵包。如果將1600克的液種老麵改為粉水
比例2：1的Lievito Madre也是可以，因為液種1600克裡的粉
水各為800克，改為Lievito Madre硬種時的粉水量都不能改
變，但是800克的Lievito Madre硬種粉，水只需要400克，總
共1200克，其他的400克水必須加到水量裡，水量變成1360克
（960+400）。修改過的配方如表格：

材料名稱	數量〈克〉	烘焙比例
高筋麵粉	1280	80.00 %
低筋麵粉	320	20.00 %
酵母（選項）	8	0.50 %
鹽	40	2.50 %
Lievito Madre硬種	1200	75.00 %
水	1360	85.00 %
橄欖油	160	10.00 %
黑橄欖	250	15.63 %
總重	4618	288.63 %

2、這個配方水量只有60.00%，但是如果加上高達100%的液種水
　量，粉水比達到73.33%，在高水量的麵糰中算是入門了。

3、麵糰非常柔軟，操作時必須輕柔。

米琪麵包 　法國的鄉村麵包

份量　1盤2個

材料

材料名稱	數量〈克〉	烘焙比例
斯貝爾特	770	37.20 %
高筋麵粉	1300	62.80 %
液種老麵	900	43.48 %
酵母	5	0.24 %
水	690	33.33 %
黑麥啤酒	330	15.94 %
鹽	40	1.93 %
總計	4035	194.93 %

作法

1、培養液種，粉水比例1：1，冷藏12小時。

2、除了鹽以外，全部放入，攪拌成糰時放入鹽。

3、離缸溫度低於22℃。

4、離缸後，隔20分鐘，切割成每個2015克，滾圓後放入冷藏12小時，取出後在28℃發酵約2小時，糰心溫度達到25℃到26℃左右，入爐。上火180℃，下火180℃，30分鐘後，上火210℃，下火210℃，再20分鐘，視上色狀況上火提高到250℃，約5分鐘糰心溫度達到96℃時出爐。

整形滾圓

製程

火頭工筆記

1、米琪麵包是法國的鄉村麵包，斯貝爾特是歐洲的原生麥種，營養價值評價很高。

2、斯貝爾特和裸麥一樣不含麩質，沒有麵筋，這個配方加入了37.20%的斯貝爾特，麥香濃郁，但操作困難。

3、麵糰重達2公斤，必須低溫長時間烘烤，避免外部黑了，裡面沒熟。

口袋麵包　　　肚子空空的麵包

 份量　1盤15個

 材料

材料名稱	數量（克）	烘焙比例
高筋麵粉	208	89.27%
細裸麥粉	25	10.73%
鹽	8	3.43%
酵母	1.5	0.64%
水	63	27.04%
液種老麵	583	250.21%
硬種老麵	187	80.26%
橄欖油	75	32.19%
總計	1151	493.78%

作法

1、培養老麵Poolish及Biga。

2、除了鹽、橄欖油以外，全部放入，攪拌成糰時放入鹽、橄欖油。

3、離缸溫度低於25℃。

4、離缸後，每20分鐘翻麵一次，隔20分鐘再翻麵一次，後發酵約1小時。

5、攤平切割成每個76克，擀平，發酵約30分鐘，入爐。上火230℃，下火250℃約3分鐘出爐。

步驟

1

2

3

火頭工筆記

1、口袋麵包是地中海四周國家的主食之一，他們用它來包各種不同的餡料，有的做得很大，壓平撕開來夾東西吃。

2、傳統的口袋麵包膨脹起來之後，很薄，而且四周邊緣的部份也很薄，看起來很容易，事實上不是很好操作。

3、爐火必須高溫，瞬間讓麵糰膨脹起來。外皮要烤夠，否則接觸到冷空氣會塌陷，但也不宜烤得太硬，影響口感。

4、水量比例為27.04%，看起來偏低，如果把硬種、液種和橄欖油裡的水量全加進來，這個配方水的比例超過70%。

臺日式甜麵包 　　東方人的流行麵包

份量　100個

材料

材料名稱	數量〈克〉	烘焙比例
高筋麵粉	3120	100.00 %
糖	430	13.78 %
奶粉	27	0.87 %
鹽	11	0.35 %
酵母	6	0.19 %
水	1365	43.75 %
全蛋	225	7.21 %
硬種老麵	710	22.76 %
奶油	286	9.17 %
總計	6180	198.08 %

作法

1、培養硬種老麵種，粉水比例為2：1。

2、除了鹽、奶油以外全部放入，攪拌成糰時放入鹽、奶油。

3、離缸溫度低於22℃。

4、離缸後，40分鐘翻麵一次，隔20分鐘再翻麵一次，再20分鐘分割成
　　每個約60克，整形包餡。在5℃冰箱中冷藏12小時。

5、自冰箱取出後，置於25℃的發酵箱中發酵約1小時。表面刷蛋液，入
　　爐。

6、烤箱預熱到上火160℃，下火200℃，約16分鐘，升溫到上火180℃，
　　下火200℃，約10分鐘出爐。

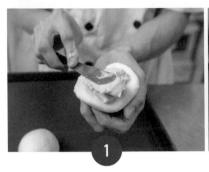

火頭工筆記

1、甜麵包主要為高筋麵粉，所以離缸溫度可以比較高。

2、餡料的水分不宜太多，因為在受熱之後，水分蒸發變成水蒸氣，體積會變大，造成露餡的狀況。

I love making bread every day because it allows me to express my feelings with my hands and with my heart. Bread is not only a way to give food to others, but allows me to express all my creativity, emotions and feelings that life keeps giving me.

　　我喜歡做麵包，因為它讓我用我的手和我的心來表達我的感情。麵包不只是一種給予食物的方式，它也表達生命一直給我們的創造力、情緒及感覺。

—— Josep Pascual Aguilera

After having jumped in bakery industry, I found my mission is to bring better breads and Artisan baking culture into Korea. I hope more people can enjoy real taste of good breads in their daily life. As an artisan bread instructor, I have been teaching people baking and how to make a good artisan bread. Many of my students have opened their artisan bakeries though out the nation and been leading new wave of good breads in Korea. Bread is simple. To make bread, all we need are only 4 simple ingredients, flour, salt, yeast and water. Mix them and wait for some time. However, to make good bread is not that much simple. We have to understand how the baking process is going on. Now Chef Philip is telling us about his wonderful artisan breads. We can sit back and listen what he is saying or rush to the kitchen and gather tools and all ingredients. We will be in happiness of baking either way. We are proudly artisan bakers! Let's jump into the artisan world! I really appreciate for chef Philip's great work! Now we've got one more precious treasure for artisan bakers.

——Your friends, ArtisanbakerM , Taesung from Seoul

　　在我投身烘焙業之後，我發現我的任務是把麵包及手工烘焙藝術文化帶進韓國。我希望更多人能在日常生活中，就能享受到好麵包的真正滋味。身為一個工藝麵包講師，我一直教導人們烘焙及如何做出好的手作麵包。我許多學生都已遍佈全國各地，開了他們自己的麵包店，並且引領韓國好麵包的新潮流。麵包很簡單，做麵包我們只需四樣簡單的成份：麵粉，鹽，酵母及水。把它們拌勻，然後等待。但是，要做出好麵包卻不是如此簡單！我們必須了解及掌握整個烘焙過程。現在，火頭工 Philip 要告訴我們他那優質的天然酵母手作麵包，我們可以坐下來傾聽他的經驗與心得，或是衝到廚房汲汲營營把各種工具和材料都擺出來。無論那種方式我們都會很愉悅地烘焙，我們以工藝麵包為榮！讓我們即刻進入工藝麵包的世界吧！我真的很感謝火頭工 Philip 師傅優異的工作及作品！終於，我們又多了一位珍貴的工藝麵包師！

　　　　——你的朋友Artisanbaker Mo Taesung於韓國漢城

Chapter 3

火頭工
吃麵包

臺灣飲食文化的演變

　　麵包不是臺灣人的主食，想了解麵包在臺灣怎麼吃，必須兵分兩路，一路回溯到我們臺灣飲食文化的歷史足跡，了解我們口味形成的原因；另外一路深入追溯麵包背後的歷史與地理環境，然後把兩者結合起來，成為我們臺灣本土的麵包飲食文化。

　　我們的主食是米飯搭配湯、醬、魚、蝦、肉、湯、辛香料、茶、酒。數百年來，臺灣飲食文化受到許多不同文明的影響，最早可以追溯到1621年，荷蘭人以東印度公司為名佔領臺灣，進行和大陸、日本之間的海上貿易；再到1661年鄭成功擊敗荷蘭人進駐臺灣，荷蘭人才退出臺灣。荷蘭人前後共統治臺灣達40年，卻對臺灣的飲食文化沒有留下太大的影響；主要原因是東印度公司的成員只有少數六百名荷蘭人擔任領導階層，其餘大多是歐陸各國組合的傭兵，人數大約只有兩千人；荷蘭人統治臺灣的方法，主要還是運用漢人和原住民的組織，進行海上大陸和日本的貿易。因此，這40年的統治只留下一些建築，絕大部份在時間的洪流中褪去。

　　直到1661年鄭氏帶來大批閩南人屯墾駐紮，閩南人的語言、建築和飲食文化深深影響臺灣數百年的生活。閩南人的主食是米飯，早餐多是清粥、漬物，口味清淡、不重辛辣油膩；閩南的南邊靠海，北邊靠山，閩南人來到臺灣以後如魚得水，東西兩岸靠海，中間是中央山脈，緯度和福建接近，氣候相似。閩南人多數耕種務農，個性樸實，播種時犁田以牛為主力，所以不吃牛肉，以示感恩；菜色單純不複雜，清蒸蝦、螃蟹、白斬雞、魚乾、地瓜、豆腐、青菜，水果種類也很多，龍眼、荔枝、芭樂、橘子、香蕉、芒果……等等。

1895年，滿清戰敗簽署馬關條約割讓臺灣，日本人大量湧入，除了和式建築、榻榻米、紙門、玄關、櫻花以外，也帶來味噌、壽司、拉麵、生魚片、飯糰、燒烤……等飲食。到1945年國民政府接收臺灣為止，日本人共統治臺灣50年，對臺灣的飲食文化影響很深，改變臺灣原本簡單豐富的飲食文化，帶進複雜日本料理的元素，這些全部都可以在臺灣民間婚喪喜慶辦桌酒席中，看到閩南飲食和日本料理的交錯。

1949年，國民政府戰敗避居臺灣，兩百萬人逃難過來，士兵、將領高官、商人、文人、學者來自大陸不同的省份，包括山東、廣東、上海、浙江、福建、湖南、湖北、江西、四川，臺灣開始進入後飲食文化時代。除了大陸各地不同特色的家鄉菜以

臺菜

左　江浙菜
右　川菜

外，語言、生活習慣使臺灣島的飲食文化變得多元而複雜，原本清淡的福建菜，夾帶重口味的湖南菜、四川菜的辛辣與油膩，清粥加上饅頭、包子、燒餅、油條，廣式飲茶點心、夜市小吃以及特定地區下酒的酒家菜也紛紛崛起。

　　麵粉、麵包進入臺灣主要在日治時代到國民政府這一段期間。1960年代，美國小麥大量銷售到臺灣，更助長麵食行業興起。麵包和麵條是麵食產品中最主要的兩款，麵條快速結合南方人和北方人的飲食習慣進入臺灣午餐、晚餐的餐桌上，隨處可見牛肉麵、大滷麵、酸辣麵、炸醬麵、陽春麵……但是麵包卻只攻佔早餐和宵夜點心的市場，還是被視為外來的食物，幾十年來一直沒辦法成為臺灣人生活的主要食物。

　　近幾年來食安風暴不斷，單純老麵發酵的歐式麵包越來越被重視，要如何發展出「臺灣麵包」讓臺灣麵包進入午晚餐桌，和米飯、麵條爭一席之地呢？到底如何做出「臺灣麵包」？很多人不斷思考這個問題，技術在臺灣不是問題，近幾年，臺灣麵包在國際麵包比賽中頻頻得獎，顯然打造「臺灣麵包」的方向在於理論和文化的結合，以高度和寬度形成我們自己的麵包，唱我們自己的歌！

搭配麵包的元素

回頭思考在早午晚餐桌上吃的麵包餐由哪些元素組合：

1、麵包（Bread）

2、湯（Soup）

3、沾醬（Dip Sauce）和淋醬（Dressing）

4、沙拉（Salad）

5、調味料（Seasoning）

6、乳酪（Cheese）

我們先了解這些元素在各個地區是如何呈現，再回頭融入我們的餐桌，自然就形成我們自己的飲食文化。一旦形成飲食文化，就能端上餐桌。吃麵包的資料有很多，這本書「吃麵包」的部份，重點不在提供配方，而是透過這些元素組合成為自己個人特色的飲食文化，並且融入家庭生活，成為米飯、麵條之外的另一個選項。

麵包（Bread）

從吃麵包的角度來說，麵包可以分成兩類，第一類是加料麵包，例如豆沙麵包、果乾麵包、乳酪麵包、菠蘿麵包、巧克力麵包、油皮油酥麵包等，這類型的麵包不需要其他沾醬、淋醬或肉類蔬果，只要搭配飲品就可以成為一餐的主食，例如早餐搭配一個紅豆麵包，就可以當成一餐。第二類是基底麵包，例如鄉村麵包、

土司、長棍麵包、漢堡麵包、口袋麵包等，這一類型的麵包大多是長條型、橄欖型，特色是可以切成薄片，可以簡單的直接沾醬汁、塗抹奶油乳酪，或其他醬料，再搭配其他菜色做為正餐的料理；也可以在薄片的上層放置蔬菜、肉片、淋醬、辛香料、香草、沙拉等，接著可以再另外覆蓋一塊薄片，配上飲品或濃湯，當成正餐的主食。

湯（Soup）

就烹調而言，湯是液態的、濃稠的或是半固態的，用來搭配其他食物，很少單獨使用。湯可以用來增加餐桌上的風味、協助咀嚼需要的濕度和潤滑、以及增添餐桌上視覺的協調；英文的Soup源自於法文。湯依照溫度的冷熱、濃稠度和材料，可以區分為冷湯（Cold Soup）、清湯（Broth / Clear Soup）、濃湯（Thick Soup）、燉菜（Stew）、甜湯（Dessert Soup）、水果湯（Fruit

Soup）六大類。餐桌上以麵包為主食，湯是不可缺少的元素，以下針對這六項說明：

1、冷湯（Cold Soup）

顧名思義，冷湯在喝的時候是冷的，製作的方式分成兩類，其一是所有食材都可以生食，在常溫攪拌製作，材料包括橄欖油、生菜或是生菜泥、洋蔥、辣椒、蔥花、大蒜等調味品，與番茄或水果、堅果碎粒、起司、香草或辛香料、鹽；著名的西班牙番茄湯（Spanish Salmerejo Soup）屬於這一種類型。

另外一種是部份食材經過加溫或加工，冷卻後食用，例如：牛豬羊魚等肉類、蝦子、豆類或豆泥，先經過煮熟、燻烤、加工然後組合製作；著名的土耳其的玉米餅湯（Turkey Tortilla）屬於這一類型的冷湯。在網路上用Cold Soup搜尋可以找到很多配方，

左　印度蔬菜香料優格湯
下　西班牙番茄湯

左　雞清湯麵餃的
　　材料有：全
　　雞、洋蔥、紅
　　蘿蔔、芹菜、
　　番茄、水、丁
　　香、鹽、橄欖
　　油
右　豆子濃湯的材
　　料有：紅蘿
　　蔔、芹菜、洋
　　蔥、白腰豆、
　　雞高湯
（圖／楊馥如）

冷湯一年四季都適合搭配麵包組合成麵包餐。

2、清湯（Broths / Clear Soup）

　　清湯和濃湯的差別在於清湯煮好之後沒有添加澱粉、鮮奶油等增加稠度的元素，和材料無關。如果清湯是煮好之後只留下湯的部份，丟掉殘渣做為湯頭，我們稱為高湯（Soup Stock或Bouillon）；法式料理不把高湯視為湯的一種，不單獨拿來喝而是將高湯當成一種食材，法國人把清湯稱為Consommé，至於Broths或Clear Soup則是清湯比較廣義的名詞與說法。在網路上用Soup Stock、Consommé、Broths或是Clear Soup都可以找到很多清湯的配方和製作方法。馬來西亞的肉骨茶、臺灣的牛肉麵、德國的洋蔥湯（Zwiebelsuppe）……等等都屬於清湯。

3、濃湯（Thick Soup）

　　濃湯可以分為兩大類，一類使用澱粉勾芡，臺灣的大滷湯、玉米濃湯、酸辣湯屬於這一類型；另外一類用奶油、鮮奶油增加湯的濃稠度，蛤蜊濃湯、海鮮濃湯、南瓜湯屬於這一類型。在網

路上只要用Thick Soup或是直接以Soup搜尋都可以找到許多配方。

4、燉菜（Stew）

燉菜和濃湯的差別在於燉菜的水量更少。我們的「佛跳牆」，法國的馬賽魚湯（Bouillabaisse），葡萄牙海鮮燉菜（Portuguese Seafood Stew）都是著名的燉菜。

5、甜湯（Dessert Soup）和水果湯（Fruit Soup）

甜湯種類有很多，常見蔬菜水果泥甜湯，例如草莓甜湯、蜂蜜藍莓甜湯、蘋果地瓜甜湯等等，另外也有用巧克力、鮮奶油、牛奶製作的甜湯；華人用芝麻做成芝麻糊，也算是甜湯的一種。

馬賽魚湯的材料有蚌貝海鮮、番茄、馬鈴薯
（圖／楊馥如）

沾醬（Dip Sauce）和淋醬（Dressing）

英文、法文的醬汁Sauce源自於拉丁文Salsa（中文音譯為莎莎），我們常聽到的莎莎醬成了「醬醬」，字義上其實已經重複。醬汁是一個廣義的名詞，可以分為沾醬和淋醬兩類。沾醬是液態或半固態的，但有些沾醬使用堅果類固體的原料，像是義大利拖鞋麵包的紅酒醋橄欖油沾醬、漢堡的番茄沾醬、中東的鷹嘴豆泥、墨西哥的玉米餅沾醬，土耳其的優格沾醬。淋醬沙拉的部份我們稱為沙拉淋醬（Salad Dressing），常常聽到的是和風醬、千島醬、凱薩醬，有些淋醬被運用於一般的盤飾。

沙拉（Salad）

沙拉由水果、蔬菜、肉類、蛋、香草、調味料或穀物混合以後再加上淋醬製作而成，除了少數像德國的馬鈴薯沙拉是熱的以外，其他大都是冷盤。沙拉可以分成四大類，前菜沙拉（Appetizer Salad）、小菜沙拉（Side Salad），以及加入雞絲、鮭魚、牛肉絲的主食沙拉（Main Course Salad），還有做為餐後的甜點沙拉（Dessert Salad）。

調味料（Seasoning）

　　狹義而言，調味料主要包括香草（Herbs）、辛香料（Spices）兩大類；廣義而言，把可以增加食物風味的食材全部納進來，範圍涵蓋油、鹽、醬、醋等等。香草採自可食用植物的葉子或花，可以是新鮮或是乾燥的。例如：羅勒、芝麻葉、葡萄葉⋯⋯等等。辛香料則由植物的根、種子、果實、皮、芽乾燥粉碎或研磨製成，大部份的辛香料具有抗菌的特性，因此生產在氣候比較溫暖或炎熱的地方，例如印度、中東、北非、中國等地區，大量的辛香料被使用在食物和草藥中，例如：薑（Ginger）、胡椒（Peper）、薑黃（Turmeric）等等。

辛香料

乳酪（Cheese）

　　乳酪是奶製品，主要來自牛（Cows / Buffalo）、羊（Sheep / Goats）的鮮奶，透過酸化、酵素等製程分離出來的產物，最後固化而成。早期製作乳酪的目的只是單純為了延長它的保存期限，後來演變出具有地方特色的產品，在歐洲可說是一鄉一乳酪，各有千秋。乳酪可以區分為新鮮乳酪（Fresh Cheese）、軟質乳酪（Soft Cheese）、硬乳酪（Firm / Hard Cheeses）、半硬乳酪（Semi-Firm / Semi-Hard Cheese）、藍黴乳酪（Blue-Veined）、羊奶乳酪（Goat's Milk Cheese）、加工乳酪等（Processed Cheese）。

　　新鮮乳酪是將乳酸菌加在牛奶裡使蛋白質凝固，而沒有經過長時間的發酵熟成。產品包括Cottage Cheese、Ricotta Cheese、Mascarpone Cheese、奶油乳酪（Cream Cheese）、Quark Cheese等。軟質乳酪的凝固時間較短，沒有經過壓縮和加溫烹煮，水量超過50%，油脂含量約20%，包括Brie、Camembert……等等。硬／半硬乳酪未經過加溫烹煮，直接壓縮製作，常見的巧達（Cheddar）、Edam、Gouda……等等都是。藍黴乳酪沒有經過加溫烹煮和壓縮，而是注入藍黴菌（Blue-Green Mold）發酵而成，產品包括Danish Blue、Stilton、Gorgonzola……等等。羊奶乳酪有100%的羊奶，或是混合一部份牛奶製成，屬於軟質的乳酪，包括希臘乳酪（Feta）、Chevrotin等。加工乳酪是在乳酪中加入牛奶、奶油、鹽、乳化劑、色素、糖、調味料……等等。

　　以上這些元素，有些是臺灣缺乏的食材，奶油、乳酪也和我們的飲食習慣相違背；臺灣料理很少有湯是冷的，我們習慣的酸也不一樣，我們的酸是水醋的酸味，西方的酸很複雜，酸豆的酸、酸麵糰的酸、酒醋的酸、乳酪的酸，全都和我們的口味大不相同。麵包要融入我們的生活，成為在地的食物，這些都有待克服。

區域飲食文化與麵包

　　每個區域都有它們自己的麥子、乳酪、蔬果、肉品、調味料、飲品以及當地傳承多年的飲食習慣，我們以麵包為中心選擇具有代表性的地區，介紹當地的飲食習慣。

早餐麵包

1、土耳其人的早餐麵包

　　土耳其位於歐、亞、非三洲的轉運點，自古以來受到許多不同文明的影響，因此形成獨特豐富的飲食文化。在土耳其的餐桌上，麵包和米飯並列為主食，土耳其的麵包大多做成扁平形狀，其中，發酵過的麵包有土耳其環狀麵包（Simit）、巴滋拉麻（Bazlama）、口袋麵包（Pita）、土耳其披薩（Pide）；沒有發

酵過的麵包則有土耳其麵餅（Lavash）。

　　上面撒滿芝麻、外觀圓形、中間中空像Bagel的土耳其環狀麵包，與奶油、優格、果醬是土耳其傳統早餐的四大基本元素，用軟麵包加蜂蜜和凝脂奶油（Clotted cream）做成的盤式叫做Kaymak；土耳其環狀麵包、香腸加大蒜、胡椒、薄荷和蛋做成的Sucuk；扁平的麵包中間夾肉與蔬菜，以及當地盛產的蜂蜜、優格叫做Börek；風乾的牛肉（Pastırma）、果醬以及當地新鮮的水果蔬菜，再加上土耳其人善於運用的香草、辛香料與蜂蜜就形成土耳其特色的早餐。

2、義大利人的早餐麵包

義大利屬於地中海型氣候（Mediterranean Climate），早餐時間大約在上午7點到10點，以義大利咖啡（Caffè）、牛角、餅乾為主，比較少出現乳酪，但是因應全球化和旅行者的印象，飯店的早餐會出現麵包、奶油、果醬、乳酪、蛋、麥片等，內容豐富而且多樣化。義大利脆餅（Biscotti）沾咖啡吃或是直接咬碎吃。布里歐麵包也是義大利早餐的選項之一，它通常做成小圓形或是牛角形。拖鞋麵包偶爾也用於早餐，抹果醬或奶油。

牛角布里歐麵包
（圖／楊馥如）

3、德國人的早餐麵包

德國有兩三百種麵包，德國人偏愛顏色越深營養價值越高的麵包，酸種麵包最早出現在德國。他們用來當早餐的麵包，多半以可以切成薄片作成麵包捲（Brötchen）的麵包為主，例如黑麥麵包（Pumpernickel）。餐桌上的元素也以德國的在地食材為主，包括果醬（Marmalade）、乳酪、火腿（Hams）、香腸（Sausage）、黑森林蛋糕（Schwarzwälder）、蜂蜜以及在地的蔬果等。

4、印度人的早餐麵包

印度的早餐可以區分為北印度和南印度兩大類別。北印度早餐麵包主要有兩種：印度拋餅（Roti）和煎餅（Paratha），兩

種都是沒有經過發酵的麵包。印度拋餅直接用平底鍋或桶狀烤爐（Tandoor）烘烤而成，在印度南方或西方，印度拋餅被叫做Chapatti，使用的麵粉屬於印度原生種小麥，叫做Atta，有些地方直接將印度拋餅稱為Chapatti Flour。煎餅也是沒有經過發酵的麵包，不同的是煎餅在平底鍋用酥油（Ghee）或奶油（Butter）煎成。印度北方的餐桌除了麵包以外，還會搭配蔬菜咖哩、醃漬的泡菜（Pickles）與奶酪（Curd）等等。

5、墨西哥人的早餐麵包

墨西哥的飲食文化源自阿茲塔克和馬雅人（Aztec and Mayan）的傳統，墨西哥由於近三百年受到西班牙人統治，飲食文化結合兩者的特色，形成多元化的發展。墨西哥的早餐隨著各個區域有所不同，但是有些共通的元素，包括玉米餅（Tortilla）、辣（Spicy）、色彩豐富（Colorful）、豆子（Beans）、巧克力（Chocolate）、咖啡（Coffee / Café）以及墨西哥捲餅（Bolillos）。

午餐和晚餐麵包

1、土耳其人的午餐和晚餐麵包

土耳其的口袋麵包（Pita）是中空的扁平麵包，可以放入填料食用；土耳其披薩（Pide）的外觀則是船型，上面可以放乳酪、蛋、肉、蔬菜；土耳其麵餅（Lavash）很薄可以用來捲包食物。口袋麵包可以搭配的食物有很多，其中一種就是著名的沙威瑪（Shawarma），這也是土耳其的街景文化之一。只要把雞肉或牛肉架在烤肉叉上，一面旋轉一面加熱，接著將肉切下並且塞進口袋造型的麵包裡，再搭配土耳其的湯品就是一道豐盛的正餐。還有，在土耳其的餐桌上，常常被用來搭配的食物有扁豆馬鈴薯湯（Corba）、烤馬鈴薯泥（Kumpir）、米沙拉肉丸組合（Kofte）、沙拉胡椒優格冷盤開胃菜（Mezes）等等，這些都是著名的土耳其餐桌美食。

左 扁豆湯
右 土耳其披薩

左　土耳其羊肉飯
下　沙威瑪

2、義大利人的午餐和晚餐麵包

　　義大利的食物特色就是「簡單」。一道料理最多只用七、八樣材料，他們比較注重食材的品質，呈現的方式和地域性有很大的關係。麵包、橄欖油、酒、醋、乳酪、咖啡是組成義大利料理的基本元素。在義大利的餐桌上有些可以依循的規則，例如：麵包和義大利麵不會同時出現，礦泉水和酒是常見的飲料，一般不會出現蘇打水和牛奶，出餐的順序是先上麵包、米飯或麵條，接著肉、魚、蔬菜，水果擺在最後，沙拉淋醬則是橄欖油和醋，而不會有千島醬或是和風醬之類的淋醬。

　　青醬在義式料理中使用範圍很廣：（1）青醬是義大利麵的淋醬（Pesto）。（2）青醬通常搭配麵包、新鮮乳酪、番茄作為主

上　拖鞋麵包
右　青醬
左　切成對半的拖
　　鞋麵包

食。（3）青醬也可以變成麵包或其他食物的沾醬。（4）青醬被當成馬鈴薯泥的拌醬。（5）湯的調味料。（6）披薩、佛卡夏、面具等扁平麵包的餡料。（7）義大利燉飯的調味料；其他像是義

式煎蛋（Frittata）之類的料理也會加入青醬調味。

拖鞋麵包在義式料理中常常扮演主食的角色，三種常見的食用方式為：第一種是將麵包切成對半，在上面鋪放食材；第二種是當成漢堡、夾著食材一起吃；第三種方式是直接沾橄欖油與紅酒醋享用，橄欖油與紅酒醋的比例為3：1。義大利的餐桌只要有麵包，接著再搭配當地的特色湯品，就是一頓豐盛的餐點。

3、德國人的午餐和晚餐麵包

德國的麵粉以裸麥、斯貝爾特為主，因此與鄰近以小麥為主的國家所製作的麵包大不相同。德國麵包顏色比較深，味道也偏酸；我們最常在德國看到的黑麥麵包（Pumpernikel）形狀像土司；另外，德國也有白麵包（Weißbro）和麵包捲（Brötchen）以及土司（Toastbrot），這些麵包常常出現在餐桌上作為主食。德國人習慣將麵包搭配其他食材一同享用，包括肉類（以牛肉、豬肉、家禽為主）、香腸（Sausages）、乳酪、蔬菜、咖啡（Kaffee）、蛋糕（Kuchen）、湯品、燉菜⋯⋯等等，這樣的搭配方式也成為德國特色的風味餐。

左　黑麥麵包
右　黑麥麵包、乳酪、火腿和燻鮭魚

麵包在點心世界也佔一席之地

1、下酒的麵包──德國結（Pretzel）

德國結最早記載在七世紀，由義大利的僧人製作，打結象徵雙手交叉在胸前祈禱，三個孔代表聖父、聖子、聖靈三位一體（Holy Trinity）。十七世紀才傳到德國，從此各地流行；近代反而把德國結視為德國麵包，剛好德國生產啤酒，這個QQ脆脆的德國結麵包就成了搭配啤酒最好的點心。德國結到達美國的記載最早是在1861年，朱利葉斯（Julius Sturgis）在美國賓西法尼亞州設立第一家賣德國結的麵包店。

2、義大利傳統麵包棒（Grissini）

Grissini是義大利傳統的麵包棒，由義大利西北部的杜林（Torino）地區流傳出來。十七世紀末，撒瓦（Savoia）地區的年輕公爵維托里奧・阿梅迪奧二世（Vittorio Amedeo II），一直

德國結

義大利傳統麵包棒

苦於腸胃的病痛。他的醫生從杜林聘來一位麵包師傅安東尼奧‧
布魯涅羅（Antonio Brunero），安東尼奧把麵糰混和橄欖油，發
酵以後擀平，並且分割成細長條形，接著再放進烤箱中烤焙，口
感脆、容易消化的麵包就此誕生，也徹底解決公爵腸胃不適的困
擾。義大利傳統麵包棒容易消化並且適合當開胃菜（Appetizer）
沾醬著吃，這個產品迅速流傳到各個地方，後來法國的拿破崙一
世（Napoleon Bonaparte）經常把手放在肚子前，據說也是腸胃不
好，而他也很喜歡這個產品，應該是同病相憐。

做出代表臺灣的麵包，
唱我們自己的歌

　　一個飲食文化構成的條件有四個：材料、技術、理論、人文。臺灣已經具備所有材料；我們有小麥、藜麥、蕎麥、小米、稻米、豐富的蔬果、自己的海鹽、苦茶油、醬油、花生油……等等，不勝枚舉。技術上，我們在全世界各種大型比賽中頻頻得名，我們有足夠的微生物和機械人才，人才濟濟。我們還有傳承數千年的文化底蘊，這些條件已經足夠形成一個「臺灣麵包」的飲食文化。

　　酸老麵被掛上「舊金山」的名號，黑麥麵包（Pumpernikel）幾乎代表德國人扎實的民族特性，囊（Naan）讓我們聯想到新疆印度到土耳其，印度拋餅（Chapatti）總讓我們腦中浮起印度的情景，只要看見潘娜朵妮就知道聖誕節的到來，紅豆麵包則能讓人想到日本。那麼我們呢？

　　什麼樣的麵包可以讓全世界看見臺灣呢？閒暇時，我愛胡亂吹奏雲南的樂器「葫蘆絲」。如果將這個樂器分解，中間最長的部份是簫管，兩側比較短的是中原笙管，整個樂器除了葫蘆以外，沒有一樣是雲南的產品，但是用它吹奏出音

雲南樂器葫蘆絲的元件幾乎都來自中原，但是吹出來的卻是雲南的歌

東石鄉十甲農場的
麥田

樂，我的腦海馬上浮現雲南的山水、篝火與舞蹈。同樣的，三百年前，我們傳承閩南文化的敦厚與樸實，一百年前，我們受到日本文化的影響，五十年前我們結合中原各地的飲食，近二十多年來大量的西方飲食融入我們的生活，豐富多元的歷史軌跡，臺灣已經具備構築臺灣飲食文化的基底條件，臺灣人可以唱自己的歌！麵包、刈包、饅頭……誰將勝出成為「臺灣麵包」呢？

夜如何其？夜未央，庭燎之光。君子至止，鸞聲將將。
夜如何其？夜未艾，庭燎晰晰。君子至止，鸞聲噦噦。
夜如何其？夜鄉晨，庭燎有輝。君子至止，言觀其旂。

——《詩經》·〈小雅〉·「彤弓之什」·庭燎

是的，臺灣人才濟濟，「君子至止，鸞聲將將」，我看到了曙光！期待大家一起努力！

Heart of a baker, mind of a pastry chef

Baking is one of the few things that keeps me grounded, keeps me going, it consumes my soul. It is so personal that no two breads are ever the same. Each one is unique just like bakers themselves. I have a lot of respect for this craft, humble ingredients that touches the heart.

「麵包師的精神，糕點師的智慧」

烘焙是讓我能腳踏實地、一直走下去的非常少數事情之一，它耗盡了我的靈魂。它是如此有個性，以至於沒有兩個麵包是一樣的。每個麵包都是獨一無二的，就像麵包師他們自己。我非常尊敬這些觸動人心的工藝麵包師、簡單的料理。

—— Norhails

Most of my working life is related to food. Bread is more of a passion than work. Artisan bread baking is the pinnacle of any bread baking process. It emphasizes more on craftsmanship of the baker and also how the baker apply his knowledge and understanding  of the science of bread baking that make the bread different. Even after decades of baking, the bread baking process still amazes me and the learning never stops nor does it ends. There is no boring days...except the day when I am not baking or baking related activities. How can I ask for more than being an artisan bread baker...its not a job...it a fullfillment of life.

　　我一生中大部份的工作都是和食物有關。麵包，對我而言是熱誠勝於工作。工藝麵包的烘焙製作過程尤其是所有烘焙之極致。它著重在麵包師的工藝才能以及麵包師能應用他對烘焙科學的知識與了解而做出有別於他人的麵包。即使在烘焙業數十年，麵包烘焙過程仍然處處讓我驚嘆，這一條路上也確是學無止境。我從沒有感到乏味的一天，有的話就是當我不做烘焙或與烘焙有關的活動時！還有什麼比當一個工藝麵包師更好的呢？這不是一份工作，這是一種生命的實現與滿足！

——William Woo

LOHAS・樂活
火頭工說麵包、做麵包、吃麵包

2017年4月初版 定價：新臺幣420元
2020年6月初版第四刷
有著作權・翻印必究
Printed in Taiwan.

著　　　者	吳	家	麟
叢書主編	林	芳	瑜
特約編輯	吳	佳	穎
整體設計	許	瑞	玲
攝　　　影	王	弼	正
譯　　　者	吳	映	華

出　版　者　聯經出版事業股份有限公司　　副總編輯　陳　逸　華
地　　　址　新北市汐止區大同路一段369號1樓　總經理　陳　芝　宇
叢書主編電話　(02)86925588轉5318　社　　長　羅　國　俊
台北聯經書房　台北市新生南路三段94號　發行人　林　載　爵
　　電　話　(02)23620308
台中分公司　台中市北區崇德路一段198號
暨門市電話　(04)22312023
郵政劃撥帳戶第0100559-3號
郵撥電話　(02)23620308
印　刷　者　文聯彩色製版有限公司
總　經　銷　聯合發行股份有限公司
發　行　所　新北市新店區寶橋路235巷6弄6號2F
　　電　話　(02)29178022

行政院新聞局出版事業登記證局版臺業字第0130號

本書如有缺頁，破損，倒裝請寄回台北聯經書房更換。　ISBN　978-957-08-4935-6 (平裝)
聯經網址 http://www.linkingbooks.com.tw
電子信箱 e-mail:linking@udngroup.com

國家圖書館出版品預行編目資料

火頭工說麵包、做麵包、吃麵包/吳家麟著 .
初版 . 新北市 . 聯經 . 2017年4月（民106年）. 240面 .
17×23公分（LOHAS‧樂活）
ISBN　978-957-08-4935-6（平裝）
［2020年6月初版第四刷］

1.點心食譜　2.麵包　3.飲食風俗

427.16　　　　　　　　　　　　　　　106004696